もくじと学習の記録

JN017151

本書に関する最新情報は、小社ホームページにある**本書の「サポート情報」**をご覧ください。（開設していない場合もございます。）
なお、この本の内容についての責任は小社にあり、内容に関するご質問は直接小社におよせください。

4年の復習①

1 次の数を書きなさい。(4点/1つ2点)

(1) 1800億を10倍した数

(2) 45兆を100でわった数

[　　　　　　　]　　　　　[　　　　　　　]

2 次のわり算をしなさい。(12点/1つ2点)

(1) 825÷5

(2) 2546÷6

(3) 189÷23

(4) 356÷68

(5) 3872÷54

(6) 12486÷41

3 四捨五入して(　)の中のがい数にして，次の答えを見積もりなさい。

(12点/1つ3点)

(1) 65823+51468　(千の位まで)

(2) 8709-5763　(百の位まで)

(3) 436×177　(上から1けた)

(4) 948÷285　(上から1けた)

4 次の計算をしなさい。(18点/1つ3点)

(1) 7+3×6

(2) 9×8-69÷3

(3) 24×15+(152-61)

(4) 18÷(12-3)×4-5

(5) 100-(2+3×6)

(6) 423+17×5-(200-37)

5 次の計算をしなさい。(18点/1つ3点)

(1) 25.3+41.6

(2) 53.1+6.92

(3) 86.9−43.5

(4) 7.05−2.86

(5) 12.6+3.48−7.03

(6) 1.17−0.89+2.56−1.72

6 次の計算をしなさい。((6)は，商を $\frac{1}{10}$ の位まで求め，余りも出しなさい。)

(18点/1つ3点)

(1) 4.81×1000

(2) 2.31×32

(3) 3.45×28

(4) 5.6÷100

(5) 59.28÷26

(6) 74.2÷17

7 次の計算をしなさい。(18点/1つ3点)

(1) $\frac{5}{7}+\frac{3}{7}$

(2) $1\frac{1}{3}+4\frac{2}{3}$

(3) $\frac{7}{9}-\frac{2}{9}$

(4) $1\frac{5}{8}+3\frac{3}{8}-2\frac{1}{8}$

(5) $3\frac{1}{5}-1\frac{4}{5}+2\frac{2}{5}$

(6) $6\frac{2}{9}-\left(4\frac{4}{9}-2\frac{7}{9}\right)$

1 下の図のように，おはじきをならべて形をつくっていきます。

1番目の形　　2番目の形　　3番目の形　　……

(1) つくる形が大きくなっていくと，おはじきの数はどのようにふえていきますか。次の表の空らんをうめなさい。(5点/1つ1点)

□番目の形	1	2	3	4	5	6	7	8
おはじきの数	3	6	9	㋐	㋑	㋒	㋓	㋔

(2) 12 番目の形をつくるには，おはじきが何個いりますか。(5点)

〔　　　　　　　〕

(3) おはじきが 48 個では，何番目の形ができますか。(5点)

〔　　　　　　　〕

2 100 円のノート 1 さつと 60 円のえんぴつ□本を買って，△円をはらいます。

(1) えんぴつの本数がふえると，代金の合計はどのようにふえていきますか。次の表の空らんをうめなさい。(5点/1つ1点)

えんぴつの本数□本	1	2	3	4	5	6
代金の合計△円	160	㋐	㋑	㋒	㋓	㋔

(2) えんぴつを 10 本買うとき，代金の合計は何円になりますか。(6点)

〔　　　　　　　〕

(3) 代金の合計が 580 円のとき，えんぴつは何本買いましたか。(6点)

〔　　　　　　　〕

3 右のグラフは，えまさんの町の気温の変わり方を調べたものです。(12点/1つ6点)

(1) いちばん気温が高い月は何月ですか。

〔　　　　　　　〕

(2) 気温の上がり方がいちばん大きいのは，何月と何月の間ですか。

〔　　　　　　　〕

（度）　1年間の気温

0　2　4　6　8 1012（月）

4 あるイベントの参加者数を調べたら，次の表のようになりました。(18点/1つ6点)

(1) 参加者は全部で何人ですか。

〔 　　　　　　 〕

(2) おとなは全部で何人ですか。

〔 　　　　　　 〕

(3) 男のおとなは何人ですか。

〔 　　　　　　 〕

(人)

	男	女	計
子ども		12	24
おとな			
計	17	22	

5 右の表は，かずえさんの学校の，月曜日から金曜日までの学年別の欠席者数を調べたものです。(20点/1つ5点)

(1) 欠席者がいちばん多いのは，何曜日の何学年ですか。

〔 　　　　　　 〕

(2) 曜日ごとの合計はそれぞれいくつですか。表に書きなさい。

(3) 学年ごとの合計はそれぞれいくつですか。表に書きなさい。

(4) ㋐のらんにはいる数は何を表していますか。また，いくつですか。

〔 　　　　　 〕〔 　　　　　 〕

曜日＼学年	月	火	水	木	金	合計
1	5	3	6	4	10	
2	4	4	5	3	6	
3	7	0	3	1	4	
4	3	1	1	2	3	
5	12	8	2	7	2	
6	6	7	3	4	8	
合計						㋐

6 右の表は，のぞみさんの家の1年間の水道の使用水量を2か月ごとに調べたものです。(18点/1つ6点)

月	1・2月	3・4月	5・6月	7・8月	9・10月	11・12月
使用水量(m³)	52	49	56	72	69	45

(1) 使用水量の変化を折れ線グラフに表しなさい。

(2) 使用水量の増え方がいちばん大きいのは，何月と何月の間ですか。

〔 　　　　　　 〕

(3) 3・4月と9・10月の使用水量のちがいは何m³ですか。

〔 　　　　　　 〕

(m³)

80

70

60

50

40

0　1・2 3・4 5・6 7・8 9・10 11・12 (月)

1 次の平行四辺形で，ア～オの□にあてはまる数を求めなさい。(20点/1つ2点)

(1)
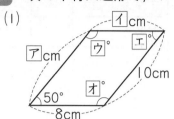

(2)
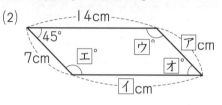

ア〔　　　〕イ〔　　　〕ウ〔　　　〕　　ア〔　　　〕イ〔　　　〕ウ〔　　　〕

エ〔　　　〕オ〔　　　〕　　　　　　　　エ〔　　　〕オ〔　　　〕

2 対角線が次のように交わっている四角形を何といいますか。(12点/1つ4点)

(1)
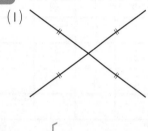

(2)
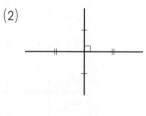

(3)
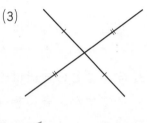

〔　　　　　　　〕　　〔　　　　　　　〕　　〔　　　　　　　〕

3 右の図の直方体について，次の問いに答えなさい。

(16点/1つ4点)

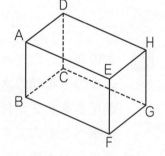

(1) 辺 AB と平行な辺はどれですか。

〔　　　　　　　　　　　　　　　　〕

(2) 面 AEHD と平行な辺はどれですか。

〔　　　　　　　　　　　　　　　　〕

(3) 辺 FG と垂直に交わる辺はどれですか。

〔　　　　　　　　　　　　　　　　〕

(4) 面 ABCD と垂直な面はどれですか。

〔　　　　　　　　　　　　　　　　〕

4 次の□にあてはまる角の大きさを，分度器を使わずに求めなさい。

(12点/1つ4点)

(1)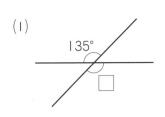

(2)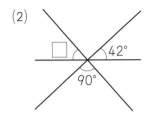

(3)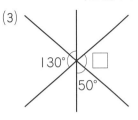

〔　　　　〕　　　〔　　　　〕　　　　〔　　　　〕

5 1組の三角定規を，下のように組み合わせました。⑦，④の角度はそれぞれ何度ですか。(16点/1つ4点)

(1)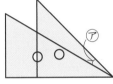

(2)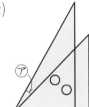

(3)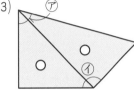

〔　　〕　　　　　　　〔　　〕　⑦〔　　〕　④〔　　〕

6 下の図形の面積を，（　）の中の単位で求めなさい。(18点/1つ6点)

(1)

(2)

(3)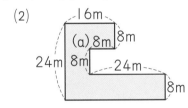

〔　　　　〕　　　〔　　　　　〕　　　〔　　　　〕

7 たてが 10 m，横が 15 m の土地があります。この土地に，たて，横に1本ずつはば1mの道をつけました。残りの土地の面積を求めなさい。(6点)

〔　　　　〕

1 160 ページの本と 224 ページの本があります。16 日でこの 2 さつを読み終えるには，1 日に何ページ読めばよいですか。(10点)

〔　　　　　　　〕

2 0.25 L 入りのかんジュース 6 本と 0.35 L 入りのかんジュース 6 本があります。ジュースはあわせて何 L ありますか。(10点)

〔　　　　　　　〕

3 5 m のリボンから 1.4 m のリボンを 3 本切り取ると，残りのリボンの長さは何 m になりますか。(10点)

〔　　　　　　　〕

4 かずとさんは，3 か月間貯金をしました。1 か月目は全体の $\frac{1}{9}$ を，2 か月目は全体の $\frac{4}{9}$ を貯金しました。3 か月目は全体のどれだけ貯金しましたか。分数で答えなさい。(10点)

〔　　　　　　　〕

5 1 個 100 円のおかしと 1 個 200 円のおかしを合わせて 18 個買うと，2900 円になりました。100 円のおかしを何個買いましたか。(10点)　　　〔桐蔭学園中〕

〔　　　　　　　〕

6 何人かの子どもに，あめを配りました。１人に３個ずつ配ると15個余り，１人に５個ずつ配ると５個足りませんでした。このとき，あめは何個ありましたか。(10点) 〔日本大第三中〕

〔　　　　　　　〕

7 長いすが何きゃくかあります。４人ずつすわると12人がすわれなくなり，５人ずつすわると，長いすが５きゃく余り，３人ですわる長いすが１きゃくできます。長いすは全部で何きゃくありますか。(10点) 〔近畿大附中〕

〔　　　　　　　〕

8 今，太郎は８才，父は44才です。父の年れいが太郎の年れいの４倍になるのは今から何年後ですか。(10点) 〔学習院中〕

〔　　　　　　　〕

9 池の周りに５ｍずつ間をおいて，木を20本植えました。この池の周りの長さは何ｍですか。(10点) 〔大宮開成中〕

〔　　　　　　　〕

10 次の図のように，１辺が７cmの正三角形を一直線上に２cmずつ重なるようにならべます。できた図形の周の長さが141cmであるとき，正三角形を何個ならべましたか。(10点) 〔中央大附属横浜中〕

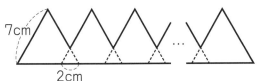

〔　　　　　　　〕

1 約　数

要点のまとめ

❶ 約　数　⊘ある数をわり切ることができる整数を，その数の**約数**といいます。
12 の約数は，1，2，3，4，6，12 です。

❷ 公約数　⊘8 と 12 の共通な約数を，8 と 12 の**公約数**といいます。公約数
の中でいちばん大きい数を**最大公約数**といいます。8 と 12 の公
約数は 1，2，4 で，最大公約数は 4 です。

ステップ1

1 次の数を書きなさい。

(1) 4 の約数

(2) 6 の約数

〔　　　　　〕　　　〔　　　　　〕

(3) 15 の約数

(4) 20 の約数

〔　　　　　〕　　　〔　　　　　〕

2 次の数を書きなさい。

(1) 24 の約数

〔　　　　　〕

(2) 36 の約数

〔　　　　　〕

(3) 24 と 36 の公約数

〔　　　　　〕

(4) 24 と 36 の最大公約数

〔　　　　　〕

3 次の問いに答えなさい。

(1) 次の数の中で，16 の約数を見つけなさい。

　　2，4，5，6，8，12

〔　　　　　　　　　〕

(2) 次の数の中で，21 の約数を見つけなさい。

　　1，2，3，5，6，7，9，11

〔　　　　　　　　　〕

4 2以上の整数で，1とその数のほかに約数がない数を素数といいます。

(1) 30 以下の素数をすべて答えなさい。

〔　　　　　　　　　〕

(2) 50 より大きい数の中で，最も小さい素数を答えなさい。

〔　　　　　　　　　〕

5 赤色の折り紙 42 まいと青色の折り紙 36 まいがあります。

(1) できるだけ多くの生徒に余りのないように同じ数ずつ分けるとき，何人の生徒に分けることができますか。

〔　　　　　　　　　〕

(2) (1)のとき，1人がもらう折り紙は合わせて何まいですか。

〔　　　　　　　　　〕

確認
しよう　　公約数を見つけるには，小さいほうの数の約数を考えて，大きいほうの数がその約数でわり切れるかどうか調べます。

STEP2 ステップ2

⏰時 間 30分
👍合 格 80点

✏得 点

点

1 次の □ にあてはまる数を求めなさい。(10点/1つ5点)

60 の約数は全部で □ 個あり，それらの和は □ です。

〔　　　　　〕〔　　　　　〕

2 次の各組の数の最大公約数を求めなさい。(24点/1つ6点)

(1) (18, 54)

(2) (14, 35)

〔　　　　　〕　　　　　〔　　　　　〕

(3) (12, 30, 36)

(4) (26, 52, 65)

〔　　　　　〕　　　　　〔　　　　　〕

3 2つの整数があります。和は 17，積は 42 となります。2つの整数は ア と イ です。ア と イ にはいる整数は何ですか。(10点)　　　　〔金城学院中〕

ア〔　　　　　〕イ〔　　　　　〕

4 252 を，12=2×2×3 というように，素数の積で表しなさい。(10点)

〔　　　　　〕

5 100 をある整数でわると余(あま)りが 4 になります。ある整数は全部で何個あります
か。(10点) 〔実践女子学園中〕

〔   〕

6 105 と 141 のどちらをわっても余りが 15 になる整数を求めなさい。(10点)

〔   〕

7 たての長さが 48 cm，横の長さが 72 cm の長方形の板
があります。余りが出ないようにこれを切って，同じ大
きさの正方形の板をつくります。できるだけ正方形の数
を少なくしようと思います。(16点/1つ8点)

〔大阪教育大附属天王寺中〕

(1) 正方形の 1 辺の長さは何 cm にすればよいですか。

〔   〕

(2) つくられる正方形の板は全部で何まいになりますか。

〔   〕

8 135 の約数をすべてかけ合わせた数は，135 を 4 回かけ合わせた数と等しく
なります。この回数 4 が 135 の約数の個数 8 のちょうど半分になる理由を説
明しなさい。(10点)

〔

2 倍　数

要点のまとめ

❶ 倍　数	☑ ある数を整数倍した数を，その数の**倍数**といいます。5 の倍数は，5，10，15，20，……です。
❷ 公倍数	☑ 3 と 4 の共通な倍数を，3 と 4 の**公倍数**といいます。 ☑ 公倍数の中で，いちばん小さい数を**最小公倍数**といいます。3 と 4 の最小公倍数は 12 です。

ステップ 1

1 40 までの整数の中で，次の数を書きなさい。

(1) 4 の倍数

〔　　　　　　　　　　　　〕

(2) 5 の倍数

〔　　　　　　　　　　　　〕

(3) 7 の倍数

〔　　　　　　　　　　　　〕

(4) 11 の倍数

〔　　　　　　　　　　　　〕

2 50 までの整数について，次の数を書きなさい。

(1) 6 の倍数

〔　　　　　　　　　　　　〕

(2) 8 の倍数

〔　　　　　　　　　　　　〕

(3) 6 と 8 の公倍数

〔　　　　　　　　　　　　〕

(4) 6 と 8 の最小公倍数

〔　　　　　　　　　　　　〕

3 次の整数について，下の数を見つけなさい。

5, 9, 12, 18, 20, 24, 28, 32, 42, 50, 54, 60, 63, 72, 84, 96, 105, 126

(1) 5の倍数　　　　　　　　　　　　(2) 9の倍数

〔　　　　　　　〕　　〔　　　　　　　　　　　　　　〕

(3) 12の倍数　　　　　　　　　　　(4) 14の倍数

〔　　　　　　　〕　　〔　　　　　　　　　　　　　　〕

4 1から100までの整数について，次の問いに答えなさい。

(1) 7の倍数はいくつありますか。　　　　　　　　　　　　　　　　　〔関西大第一中〕

〔　　　　　　　〕

(2) 3と4の公倍数は全部でいくつありますか。　　　　　　　　　　　〔岡山大附中〕

〔　　　　　　　〕

5 高さ5cmのクッキーの箱と，高さ8cmのせんべいの箱をそれぞれ上に積んでいます。

(1) 2つのおかしの箱の高さが最初に等しくなるのは，高さが何cmのときですか。

〔　　　　　　　〕

(2) そのときの箱の個数はそれぞれ何個ですか。

クッキー〔　　　　　　　〕　せんべい〔　　　　　　　〕

確認
しよう　　公倍数を見つけるには，大きいほうの数の倍数を考えて，その中から小さいほうの数でわり切れる数を見つけます。

ステップ2

1 次の各組の数の最小公倍数を求めなさい。(18点/1つ6点)

(1) (24, 48)　　　　(2) (30, 45)　　　　(3) (2, 3, 4)

〔　　　　〕　　　〔　　　　〕　　　〔　　　　〕

2 3けたの整数 92□ が次のような数になるとき，□にあてはまる1けたの数をすべて求めなさい。(18点/1つ3点)

(1) 2の倍数　　　　(2) 3の倍数　　　　(3) 4の倍数

〔　　　　〕　　　〔　　　　〕　　　〔　　　　〕

(4) 5の倍数　　　　(5) 6の倍数　　　　(6) 9の倍数

〔　　　　〕　　　〔　　　　〕　　　〔　　　　〕

3 1から1000までの数字が1つずつ書かれた1000まいのカードが，ふくろA に入れてあります。ふくろAの中から，偶数のカードだけをふくろBに入れます。その後，ふくろAの中に残っているカードの中から3の倍数のカードだけをふくろCに入れます。このとき，ふくろA，ふくろB，ふくろCには，それぞれ何まいのカードがはいっていますか。(8点) 〔智辯学園中〕

ふくろA〔　　　　〕 ふくろB〔　　　　〕 ふくろC〔　　　　〕

重要 4 たて12cm，横15cmの長方形の紙を同じ向きにすき間なくならべて，できるだけ小さい正方形をつくると，1辺の長さは何cmになりますか。(8点)

〔　　　　〕

5 2019 からできるだけ小さい整数をひいて，6でも7でもわりきれる数をつくるとき，ひく整数を求めなさい。(8点) 〔獨協埼玉中〕

〔　　　　　〕

6 30 人の子どもがくじを引きます。くじには1から30までの数が書いてあり，次のように賞品をもらいます。

A賞　2の倍数の人……えん筆3本
B賞　3の倍数の人……えん筆2本
C賞　5の倍数の人……ノート1さつ

引いたくじが2つ以上の賞に当たったときは，それぞれの賞の賞品を合わせてもらいます。(24点/1つ8点) 〔宮崎大附中〕

(1) ノートだけもらう人は，何人いますか。

〔　　　　　〕

(2) えん筆だけ5本もらう人は，何人いますか。

〔　　　　　〕

(3) 賞品のえん筆は，全部で何本必要ですか。

〔　　　　　〕

7 バスは15分おきに，電車は10分おきに発車します。午前7時に，バスと電車が同時に発車しました。(16点/1つ8点)

(1) バスと電車が次に同時に発車するのは何時何分ですか。

〔　　　　　〕

(2) 午前7時から午前10時までには，バスと電車は何回同時に発車しますか。

〔　　　　　〕

3 約分と通分

要点のまとめ

❶ 約 分

☑分数の分母と分子の公約数で，分母と分子をそれぞれわって，分母の小さい分数にすることを，**約分する**といいます。

❷ 通 分

☑分母のちがう分数を，それぞれの分母の最小公倍数を使って，分母が同じ分数になおすことを，**通分する**といいます。

❸ 分数のきまり

☑分数の分母と分子に同じ数をかけても，分母と分子を同じ数でわっても，分数の大きさは変わりません。

$$\frac{\triangle}{\bigcirc} = \frac{\triangle \times \square}{\bigcirc \times \square}$$

$$\frac{\triangle}{\bigcirc} = \frac{\triangle \div \square}{\bigcirc \div \square}$$

ステップ1

1 次の商を分数で表しなさい。

(1) $2 \div 5$

(2) $3 \div 7$

(3) $4 \div 15$

2 次の分数の□にあてはまる数を書きなさい。

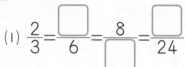

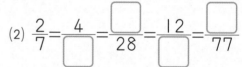

3 次の分数を約分しなさい。

(1) $\dfrac{4}{10}$

(2) $\dfrac{6}{21}$

(3) $\dfrac{20}{36}$

(4) $\dfrac{27}{45}$

(5) $\dfrac{15}{25}$

(6) $\dfrac{32}{48}$

4 分母が 50 で 1 より小さい分数 $\frac{1}{50}$, $\frac{2}{50}$, $\frac{3}{50}$, ……, $\frac{49}{50}$ の中に, 約分すると分子が 1 になる分数は, $\frac{1}{50}$ をふくめて全部で何個ありますか。

〔　　　　　　　〕

5 次の分数は小数で, 小数は分数で表しなさい。

(1) $\frac{7}{10}$　　　　　　　(2) $\frac{2}{5}$　　　　　　　(3) $\frac{3}{4}$

(4) 0.9　　　　　　　(5) 0.8　　　　　　　(6) 0.25

重要 **6** 次の各組の分数を通分しなさい。

(1) $\left(\frac{1}{2}, \frac{4}{7}\right)$　　　　　(2) $\left(\frac{2}{3}, \frac{8}{9}\right)$　　　　　(3) $\left(\frac{5}{12}, \frac{4}{9}\right)$

7 (　)の中の分数を大きい順に左から記号でならべなさい。

(1) $\left(\text{ア } \frac{1}{3}　\text{イ } \frac{2}{5}\right)$　　　　　　(2) $\left(\text{ア } \frac{7}{8}　\text{イ } \frac{5}{6}\right)$

〔　　　　　　　〕　　　　　〔　　　　　　　〕

8 次の□にあてはまる整数を求めなさい。

(1) $\frac{6}{10}$ は $\frac{\boxed{ア}}{35}$ と等しく, また $\frac{39}{\boxed{イ}}$ とも等しい分数です。　　　〔金光学園中〕

ア〔　　　　　　　〕 イ〔　　　　　　　〕

(2) $\frac{7}{8} < \frac{63}{\boxed{}} < \frac{9}{10}$　　　〔長崎大附中〕

〔　　　　　　　〕

確認 しよう	分数の中には, 同じ大きさの分数がたくさんあります。できるだけかん単な分数に約分することを心がけましょう。

ステップ2

1 次の分数を約分しなさい。(20点/1つ4点)

(1) $\dfrac{55}{75}$　　　　　　(2) $\dfrac{63}{84}$　　　　　　(3) $\dfrac{26}{65}$

(4) $\dfrac{72}{60}$　　　　　　(5) $\dfrac{90}{108}$

2 次の各組の分数を通分しなさい。(16点/1つ4点)

(1) $\left(\dfrac{3}{4},\ \dfrac{2}{3},\ \dfrac{3}{5}\right)$　　　　　　(2) $\left(\dfrac{7}{30},\ \dfrac{3}{20},\ \dfrac{5}{6}\right)$

(3) $\left(\dfrac{3}{4},\ \dfrac{5}{8},\ \dfrac{7}{10}\right)$　　　　　　(4) $\left(\dfrac{1}{4},\ \dfrac{3}{10},\ \dfrac{2}{15}\right)$

3 次の( )の中の数で，いちばん大きい数を求めなさい。(20点/1つ5点)

(1) $\left(\dfrac{11}{12},\ \dfrac{8}{9},\ \dfrac{5}{6}\right)$　　　　　　(2) $\left(0.3,\ \dfrac{3}{8},\ \dfrac{7}{20}\right)$

〔　　　　　〕　　　　　〔　　　　　〕

(3) $\left(\dfrac{2}{3},\ \dfrac{3}{5},\ 0.6,\ \dfrac{11}{16}\right)$　　　　　　(4) $\left(\dfrac{3}{7},\ \dfrac{3}{10},\ \dfrac{5}{14},\ 0.4\right)$

〔　　　　　〕　　　　　〔　　　　　〕

4 分母が 13 の分数のうち，$\dfrac{7}{8}$ に最も近い分数を求めなさい。(8点)　　〔同志社中〕

〔　　　　　〕

5 次の □ にあてはまる整数を答えなさい。(16点/1つ8点)

(1) $\dfrac{2}{3} < \dfrac{\boxed{}}{35} < \dfrac{5}{7}$　　〔共立女子第二中〕

〔　　　　　〕

(2) $\dfrac{32}{7} < \dfrac{\boxed{}}{3} < \dfrac{33}{7}$　　〔愛知淑徳中〕

〔　　　　　〕

6 $\dfrac{2}{3}$ と $\dfrac{3}{4}$ の間にあり，分母が 24 でこれ以上約分できない分数を求めなさい。

(10点)

〔　　　　　〕

7 分母が 100 で，1 以下の分数 $\dfrac{1}{100}$，$\dfrac{2}{100}$，$\dfrac{3}{100}$，……，$\dfrac{100}{100}$ の中に，約分できない分数は何個ありますか。(10点)　　〔広島女学院中〕

〔　　　　　〕

4 分数のたし算とひき算

要点のまとめ

❶ 真分数のたし算・ひき算	✅ **通分して分母を同じ**にしてから，分子の和・差を求めます。答えが仮分数になったときは帯分数になおし，約分できるときは約分します。
❷ 帯分数のたし算・ひき算	✅ **通分して分母を同じ**にしてから，整数部分と分数部分を別々に計算します。ひき算で，分数部分からひけないときは，整数部分から1くり下げて計算します。
❸ 分数・小数のまじった計算	✅ 分数を小数になおして計算する方法も考えられますが，分数の中には小数になおすことができないものもあります。**小数を分数になおして計算**したほうが，どの場合でも計算できます。

ステップ1

1 次のたし算をしなさい。

(1) $\dfrac{1}{3}+\dfrac{2}{5}$

(2) $\dfrac{1}{4}+\dfrac{3}{8}$

(3) $\dfrac{1}{6}+\dfrac{4}{9}$

(4) $\dfrac{1}{2}+\dfrac{1}{6}$

(5) $\dfrac{5}{6}+\dfrac{4}{5}$

(6) $\dfrac{3}{5}+\dfrac{7}{10}$

2 次のたし算をしなさい。（重要）

(1) $3\dfrac{1}{2}+2\dfrac{2}{5}$

(2) $2\dfrac{1}{4}+1\dfrac{5}{12}$

(3) $2\dfrac{1}{6}+3\dfrac{2}{15}$

(4) $1\dfrac{5}{6}+2\dfrac{4}{7}$

(5) $2\dfrac{2}{3}+2\dfrac{5}{9}$

(6) $4\dfrac{3}{10}+5\dfrac{3}{4}$

3 次のひき算をしなさい。

(1) $\dfrac{2}{3}-\dfrac{1}{2}$

(2) $\dfrac{9}{14}-\dfrac{2}{7}$

(3) $\dfrac{5}{6}-\dfrac{3}{8}$

(4) $\dfrac{5}{12}-\dfrac{1}{4}$

4 次のひき算をしなさい。

(1) $2\dfrac{4}{5}-\dfrac{2}{9}$

(2) $4\dfrac{11}{12}-3\dfrac{3}{8}$

(3) $1\dfrac{1}{7}-\dfrac{5}{8}$

(4) $1\dfrac{5}{16}-\dfrac{17}{20}$

(5) $2\dfrac{1}{2}-1\dfrac{7}{8}$

(6) $2\dfrac{2}{3}-1\dfrac{6}{7}$

5 次の計算をしなさい。

(1) $1\dfrac{3}{4}+0.8$

(2) $1\dfrac{1}{2}+3.75$

(3) $1\dfrac{1}{3}-0.6$

(4) $4.25-3\dfrac{5}{7}$

6 よしとさんの家から学校までは $\dfrac{4}{5}$ km あります。学校から神社までは $2\dfrac{3}{4}$ km あります。よしとさんの家から学校を通って神社まで行くとき，何 km ありますか。

〔　　　　　　　　　〕

確認
しよう
通分する場合，分母の最小公倍数を見つけることがたいせつです。最小公倍数を見つけるには，大きい方の数の倍数が小さい方の数の倍数になっているか調べていきます。

答え ➡ 別さつ6ページ

STEP **2**

ステップ**2**

月　日

🕐 時　間 30分
👍 合　格 80点

✏ 得　点

点

1 次の計算をしなさい。(18点/1つ3点)

(1) $3\frac{5}{12} + 1\frac{5}{6}$

(2) $2\frac{5}{6} + 1\frac{7}{10}$

(3) $3\frac{7}{12} + 4\frac{7}{15}$

(4) $1\frac{1}{10} - \frac{3}{5}$

(5) $1\frac{1}{4} - \frac{7}{12}$

(6) $3\frac{2}{15} - 1\frac{5}{6}$

2 次の計算をしなさい。(24点/1つ4点)

(1) $\frac{5}{8} + \frac{11}{14} + \frac{3}{7}$

(2) $2\frac{4}{5} + 3\frac{7}{10} + 4\frac{5}{6}$

(3) $\frac{4}{5} - \frac{1}{6} - \frac{1}{10}$

(4) $4\frac{1}{2} - 2\frac{3}{5} - 1\frac{1}{4}$

(5) $1\frac{5}{6} - \frac{9}{8} + \frac{5}{12}$

(6) $\frac{5}{3} + \frac{4}{3} - 1\frac{1}{6}$

3 次の計算をしなさい。(8点/1つ4点)

(1) $\frac{1}{2} + \frac{1}{3} + \frac{1}{4} + \frac{1}{5}$ 〔土佐女子中〕

(2) $1\frac{1}{2} - \frac{2}{3} + 2\frac{3}{4} - 1\frac{5}{6}$

4 次の計算をしなさい。(10点/1つ5点)

(1) $\dfrac{16}{25}+0.6-1\dfrac{1}{6}$

(2) $2\dfrac{1}{3}-0.75+3\dfrac{3}{5}$

5 次の ☐ にあてはまる数を書きなさい。(15点/1つ3点)　　　〔山手学院中〕

(1) $\dfrac{1}{2\times3}$ は $\dfrac{1}{2}-\dfrac{1}{3}$ と同じであるから，同様に考えると，

$\dfrac{1}{3\times4}=$ ⑦☐ $-$ ⑦☐ ，$\dfrac{1}{4\times5}=$ ⑦☐ $-$ ㊀☐ と表すことができます。

(2) (1)を用いて，この３つの分数の和を求めると，

$\dfrac{1}{2\times3}+\dfrac{1}{3\times4}+\dfrac{1}{4\times5}=\left(\dfrac{1}{2}-\dfrac{1}{3}\right)+\left(\text{⑦☐}-\text{⑦☐}\right)+\left(\text{⑦☐}-\text{㊀☐}\right)$

$=$ ㋔☐ と計算できます。

6 次の ☐ にあてはまる数を求めなさい。(15点/1つ5点)　　　〔同志社女子中〕

$\dfrac{3}{5}$ と $\dfrac{2}{3}$ では ☐ア☐ のほうが ☐イ☐ だけ大きい分数です。また，数直線でこの２つの分数を表すめもりのちょうど真ん中にあるめもりが表す分数は ☐ウ☐ です。

ア〔　　　　　　〕 イ〔　　　　　　〕 ウ〔　　　　　　〕

7 $\dfrac{1}{\bigcirc}+\dfrac{1}{\square}=\dfrac{5}{9}$ となる，ことなる２つの０より大きい整数○と□をそれぞれ求めなさい。ただし，○は□より小さいものとします。(10点)　　　〔立命館中〕

○〔　　　　　　〕 □〔　　　　　　〕

 分数のかけ算

要点のまとめ

❶ 分数×整数

☑真分数や仮分数に整数をかけるときは，分母はそのままにして，分子にその整数をかけます。

例 $\dfrac{2}{5}×2=\dfrac{2×2}{5}=\dfrac{4}{5}$

☑帯分数に整数をかけるときは，**帯分数を仮分数に直すと**，仮分数×整数 として計算できます。

❷ 分数×分数

☑分数に分数をかける計算では，分子どうしをかけたものを**分子**とし，分母どうしをかけたものを**分母** $\dfrac{□}{○}×\dfrac{◇}{△}=\dfrac{□×◇}{○×△}$ とします。帯分数は仮分数に直すと計算できます。

❸ 約　分

☑約分できるときには，**計算のとちゅうで約分すると**，計算がかん単になります。

例 $\dfrac{4}{9}×\dfrac{3}{10}=\dfrac{\overset{2}{4}×\overset{1}{3}}{\underset{3}{9}×\underset{5}{10}}=\dfrac{2}{15}$

※この本では，小学6年で学習する「分数のかけ算とわり算」も発展的内容としてあつかっています。

ステップ1

重要 1 次の □ にあてはまる数を書きなさい。

(1) $\dfrac{3}{5}×2=\dfrac{□×□}{5}=\dfrac{□}{5}=□\dfrac{□}{5}$

(2) $1\dfrac{3}{4}×5=\dfrac{□}{4}×5=\dfrac{□×□}{4}=\dfrac{□}{4}=□\dfrac{□}{4}$

(3) $\dfrac{5}{6}×\dfrac{4}{7}=\dfrac{5×□}{6×□}=\dfrac{5×□}{3×□}=\dfrac{□}{□}$

(4) $1\dfrac{1}{5}×\dfrac{2}{9}=\dfrac{□}{5}×\dfrac{2}{9}=\dfrac{□×2}{□×9}=\dfrac{□×2}{□×3}=\dfrac{□}{□}$

2 次の計算をしなさい。

(1) $\dfrac{2}{7} \times 3$

(2) $\dfrac{3}{4} \times 5$

(3) $\dfrac{1}{8} \times 4$

(4) $\dfrac{2}{3} \times 6$

(5) $1\dfrac{3}{5} \times 3$

(6) $2\dfrac{1}{4} \times 2$

3 次の計算をしなさい。

(1) $\dfrac{2}{3} \times \dfrac{5}{7}$

(2) $\dfrac{3}{5} \times \dfrac{8}{9}$

(3) $3\dfrac{1}{2} \times \dfrac{1}{9}$

(4) $1\dfrac{5}{8} \times \dfrac{2}{5}$

(5) $1\dfrac{1}{3} \times 2\dfrac{2}{5}$

(6) $4\dfrac{1}{6} \times 1\dfrac{2}{7}$

4 次の問題について, 式をつくり, 答えを求めなさい。

(1) 3個のコップに, ジュースが $\dfrac{4}{5}$ dL ずつはいっています。ジュースは, 全部で
何 dL ありますか。
(式)

〔　　　　　　　〕

(2) 1日 $\dfrac{3}{4}$ dL のしょうゆを使うと, 1週間では, 何 dL のしょうゆを使いますか。
(式)

〔　　　　　　　〕

(3) たて $\dfrac{5}{7}$ m, 横 $4\dfrac{2}{5}$ m の長方形の形をした花だんの面積は, 何 m² ですか。
(式)

〔　　　　　　　〕

 計算のとちゅうで約分するときは, 分母と分子の2つの数の公約数でわります。最大
公約数でわると, 手早く計算できます。

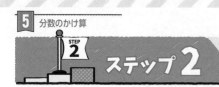

1 次の計算をしなさい。(24点/1つ4点)

(1) $\dfrac{11}{48} \times 42$

(2) $1\dfrac{7}{64} \times 16$

(3) $2\dfrac{12}{19} \times 57$

(4) $\dfrac{49}{75} \times \dfrac{33}{70}$

(5) $\dfrac{23}{35} \times 3\dfrac{1}{23}$

(6) $2\dfrac{3}{11} \times 6\dfrac{1}{20}$

2 次の計算をしなさい。(16点/1つ4点)

(1) $\left(\dfrac{2}{3} + \dfrac{1}{2}\right) \times 6$

(2) $\left(\dfrac{3}{4} + \dfrac{1}{6}\right) \times 36$

(3) $\left(\dfrac{5}{6} - \dfrac{1}{3}\right) \times 18$

(4) $\left(\dfrac{2}{15} - \dfrac{1}{45}\right) \times 30$

3 次の □ にあてはまる数を求めなさい。(10点/1つ5点)

(1) $\boxed{} + \dfrac{5}{8} \times 4 = 3\dfrac{1}{2}$

(2) $\boxed{} \div 3 - \dfrac{2}{5} = \dfrac{3}{4} \times \dfrac{1}{6}$

4 $\frac{5}{6}$, $\frac{3}{8}$, $\frac{7}{20}$ にかけると答えがすべて整数になる整数のうち, もっとも小さいものを答えなさい。(10点)

〔　　　　　　　　　〕

5 ゆうきさんたちは工作の時間に, 12 m あったはり金を, $1\frac{1}{4}$ m ずつ8人で使いました。はり金は, あと何m残っていますか。(10点)

〔　　　　　　　　　〕

6 長さが $15\frac{3}{4}$ cm のテープを8本つなぎます。つなぎ目の長さは, どれも1cm にします。

(20点／1つ10点)

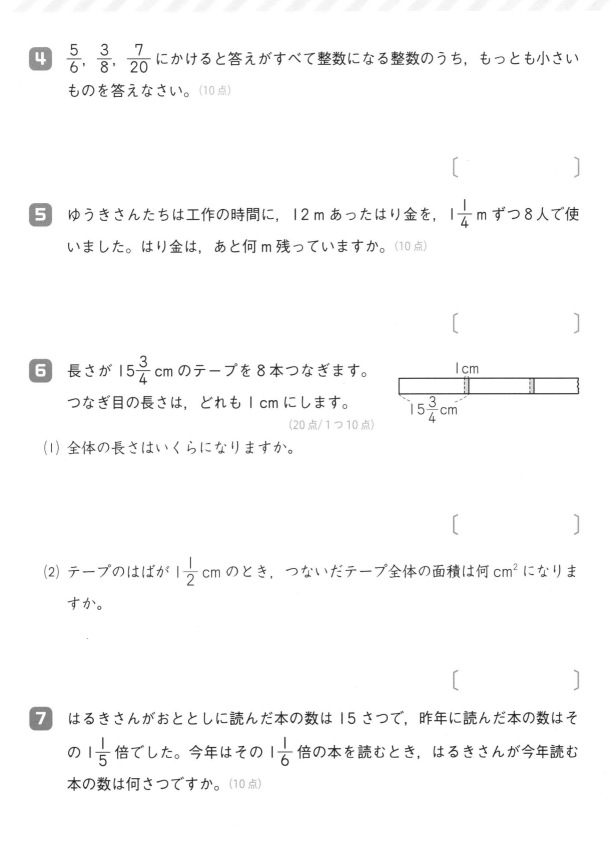

(1) 全体の長さはいくらになりますか。

〔　　　　　　　　　〕

(2) テープのはばが $1\frac{1}{2}$ cm のとき, つないだテープ全体の面積は何 cm² になりますか。

〔　　　　　　　　　〕

7 はるきさんがおととしに読んだ本の数は15さつで, 昨年に読んだ本の数はその $1\frac{1}{5}$ 倍でした。今年はその $1\frac{1}{6}$ 倍の本を読むとき, はるきさんが今年読む本の数は何さつですか。(10点)

〔　　　　　　　　　〕

6 分数のわり算

要点のまとめ

❶ 分数÷整数

☑真分数や仮分数を整数でわるときは，分子はそのままで，分母にその整数をかけます。

例 $\dfrac{3}{4} \div 2 = \dfrac{3}{4 \times 2} = \dfrac{3}{8}$

☑帯分数を整数でわるときは，**帯分数を仮分数に直す**と，仮分数÷整数 として計算できます。

❷ 分数÷分数

☑分数を分数でわる計算は，わる数の分母と分子を入れかえた分数をかけて計算します。

$\dfrac{\square}{\bigcirc} \div \dfrac{\diamondsuit}{\triangle} = \dfrac{\square \times \triangle}{\bigcirc \times \diamondsuit}$

❸ 約　分

☑約分できるときには，**計算のとちゅう**で約分すると，計算がかん単になります。

例 $\dfrac{2}{3} \div \dfrac{4}{5} = \dfrac{2}{3} \times \dfrac{5}{4} = \dfrac{\overset{1}{2} \times 5}{3 \times \underset{2}{4}} = \dfrac{5}{6}$

※この本では，小学6年で学習する「分数のかけ算とわり算」も発展的内容としてあつかっています。

ステップ1

1 次の□にあてはまる数を書きなさい。

(1) $\dfrac{4}{5} \div 3 = \dfrac{4}{\square \times \square} = \dfrac{4}{\square}$

(2) $2\dfrac{2}{7} \div 2 = \dfrac{\square}{\square} \div 2 = \dfrac{\square}{7 \times \square} = \dfrac{\square}{7 \times 1} = \dfrac{\square}{7} = \square\dfrac{\square}{7}$

(3) $\dfrac{2}{3} \div \dfrac{4}{7} = \dfrac{2}{3} \times \dfrac{\square}{\square} = \dfrac{2 \times \square}{3 \times \square} = \dfrac{1 \times \square}{3 \times \square} = \dfrac{\square}{\square} = \square\dfrac{\square}{\square}$

(4) $1\dfrac{2}{5} \div \dfrac{3}{4} = \dfrac{\square}{\square} \times \dfrac{\square}{\square} = \dfrac{\square \times \square}{\square \times \square} = \square\dfrac{\square}{\square}$

2 次の計算をしなさい。

(1) $\dfrac{3}{5} \div 2$

(2) $\dfrac{5}{6} \div 3$

(3) $\dfrac{10}{13} \div 5$

(4) $\dfrac{9}{14} \div 6$

(5) $1\dfrac{2}{3} \div 7$

(6) $2\dfrac{2}{9} \div 8$

3 次の計算をしなさい。

(1) $\dfrac{1}{3} \div \dfrac{2}{5}$

(2) $\dfrac{4}{5} \div \dfrac{8}{9}$

(3) $3\dfrac{1}{5} \div \dfrac{5}{6}$

(4) $1\dfrac{7}{8} \div \dfrac{6}{7}$

(5) $1\dfrac{1}{3} \div 3\dfrac{1}{2}$

(6) $6\dfrac{2}{3} \div 1\dfrac{3}{7}$

4 次の問題について，式をつくり，答えを求めなさい。

(1) $\dfrac{3}{4}$ L のジュースを 5 人で等分すると，1 人分は何 L ですか。

（式）

〔　　　　　　　〕

(2) $19\dfrac{1}{2}$ cm のはり金で正六角形をつくります。1 辺の長さは何 cm になりますか。

（式）

〔　　　　　　　〕

(3) 面積が $3\dfrac{3}{5}$ cm² で，たての長さが $\dfrac{27}{35}$ cm の長方形の横の長さは何 cm ですか。

（式）

〔　　　　　　　〕

 確認
しよう　何倍を表す数は，いつも整数になるとは限りません。小数や分数で表すこともあります。

1 次の計算をしなさい。(24点/1つ4点)

(1) $\dfrac{39}{50} \div 13$

(2) $1\dfrac{8}{37} \div 18$

(3) $\dfrac{25}{66} \div \dfrac{15}{22}$

(4) $\dfrac{35}{48} \div \dfrac{1}{30}$

(5) $\dfrac{24}{49} \div 1\dfrac{1}{63}$

(6) $\dfrac{17}{3} \div 1\dfrac{11}{74}$

2 次の計算をしなさい。(16点/1つ4点)

(1) $\left(\dfrac{1}{2} + \dfrac{2}{3}\right) \div 7$

(2) $\left(\dfrac{3}{4} + \dfrac{5}{8}\right) \div 3$

(3) $\left(\dfrac{5}{6} - \dfrac{1}{3}\right) \div 4$

(4) $\left(\dfrac{6}{7} - \dfrac{3}{5}\right) \div 6$

3 次の □ にあてはまる数を求めなさい。(10点/1つ5点)

(1) $\boxed{} - \dfrac{8}{9} \div 4 = \dfrac{1}{9}$

(2) $\boxed{} \times 5 - \dfrac{1}{4} = \dfrac{1}{6} \div \dfrac{2}{3}$

4 次の問いに答えなさい。(36点/1つ9点)

(1) $2\frac{2}{5}$ dL の牛にゅうを3人で等分します。1人分は何 dL になりますか。

〔　　　　　　〕

(2) たての長さが $12\frac{4}{5}$ m, 面積が1a の長方形の畑があります。この畑の横の長さは何 m ですか。

〔　　　　　　〕

(3) $17\frac{1}{2}$ m のロープを使って正方形の土地を囲むとき, 土地の面積は何 m² になりますか。

〔　　　　　　〕

(4) $\frac{2}{7}$ と $\frac{4}{9}$ を数直線上に表したとき, その真ん中の点を表す数は何ですか。

〔帝京大中〕

〔　　　　　　〕

5 次の問題を読んで, 下の□にあてはまる数を書きなさい。(14点/1つ2点)

「ちえこさんは $4\frac{4}{5}$ m のリボンを, 妹と2人で同じ長さに分けました。さらに, ちえこさんは, 自分のリボンを4等分して, その1つを人形のかざりにしました。人形のかざりにしたリボンの長さは, どれだけですか。」

1人分のリボンの長さは, $\boxed{^{⑦}\quad}$ ÷2=$\boxed{^{④}\quad}$ (m) となります。それを4等分

したのですから, その1つは $\boxed{^{⑨}\quad}$ ÷4=$\boxed{^{⑩}\quad}$ (m) となります。これを1

つの式に書くと, $\boxed{^{⑪}\quad}$ ÷2÷4 となります。

これを分数の形に書くと, $\dfrac{\boxed{^{⑫}\quad}}{5\times2\times4}$=$\boxed{^{⑬}\quad}$ (m) となります。

1 次の計算をしなさい。(8点/1つ4点)

(1) $\dfrac{8}{15} \times \dfrac{5}{12} - \dfrac{1}{2} \div 3$　〔専修大松戸中〕

(2) $\dfrac{1}{5} \div \left(\dfrac{1}{4} + \dfrac{1}{3} \times \dfrac{1}{2} \right)$　〔栄東中〕

2 次の問いに答えなさい。(16点/1つ8点)

(1) 12でわっても，15でわっても，28でわっても余りが7である整数のうち，4けたで最小のものは何ですか。　〔横浜共立学園中〕

〔　　　　　　　　〕

(2) 分母と分子の差が96で，約分すると $\dfrac{3}{7}$ になる分数を求めなさい。

〔愛知教育大附属名古屋中〕

〔　　　　　　　　〕

3 整数 A, B について，A が B より小さいとき，$\dfrac{B-A}{A \times B} = \dfrac{1}{A} - \dfrac{1}{B}$ となります。このことを利用して，次の計算をしなさい。(16点/1つ8点)

(1) $\dfrac{2}{10 \times 22} + \dfrac{3}{11 \times 36} + \dfrac{4}{12 \times 52} + \dfrac{5}{13 \times 70}$　〔東京都市大等々力中〕

(2) $\dfrac{1}{11 \times 12} + \dfrac{2}{12 \times 14} + \dfrac{3}{14 \times 17} + \dfrac{4}{17 \times 21}$　〔鎌倉学園中〕

4 次の □ にあてはまる数を答えなさい。(10点)

$\dfrac{17}{18} = \dfrac{1}{ア} + \dfrac{1}{イ} + \dfrac{1}{ウ}$ （ □ はそれぞれことなる整数）　〔清風南海中〕

ア〔　　　　　　〕 イ〔　　　　　　〕 ウ〔　　　　　　〕

5 次の問いに答えなさい。(24点/1つ8点)　　　　　　　　　　　〔追手門学院大手前中〕

(1) 1から50までの整数の中で3でわり切れる数は何個ありますか。

〔　　　　　　　〕

(2) 1から50までの整数の中で9でわり切れる数は何個ありますか。

〔　　　　　　　〕

(3) 1から50までの整数をすべてかけた数は、3でくり返しわると、何回わり切ることができますか。

〔　　　　　　　〕

6 音の出る機械A，Bがあります。スイッチを入れると、Aは4秒間鳴って2秒間静かになり、Bは4秒間鳴って3秒間静かになることをそれぞれくり返します。機械A，Bのスイッチを同時に入れます。(16点/1つ8点)　〔芝浦工業大柏中〕

(1) スイッチを入れてから3度目に両方とも静かになるのは何秒後ですか。

〔　　　　　　　〕

(2) スイッチを入れてから7分後までの間に、ちょうど3秒間だけ機械AとBが同時に鳴るのは、何回ありますか。

〔　　　　　　　〕

7 2，3，6，12のうち3つのことなる数を　ア，　イ，　ウ　に入れて、次のわり算をします。わり算の結果が整数になるような　ア，　イ，　ウ　の組み合わせは何通りありますか。(10点)

$$\frac{イ}{ア} \div \frac{4}{ウ}$$

〔　　　　　　　〕

7 小数のかけ算

要点のまとめ

❶ 小数×小数　　✓小数点がないものとして計算し，かけられる数（もとの数）とかける数の**小数部分のけた数の和**と同じだけ，積の右はしから左へ動いた位置に小数点をうちます。

- -

❷ 積の大きさ　　✓1より大きい数をかけると，積はかけられる数（もとの数）より**大きく**なり，1より小さい数をかけると，積はかけられる数（もとの数）より**小さく**なります。

ステップ1

1 次の計算をしなさい。

(1) 9.26×10　　　　　　　　　(2) 0.47×100

2 次の□にあてはまる数を書きなさい。

(1) 5.6×3.4＝56×34÷□　　　(2) 5.6×0.34＝56×34÷□

3 次のかけ算をしなさい。

(1)　　5.8
　　×0.7

(2)　　7.2
　　×0.08

(3)　　0.64
　　×　0.9

(4)　　2.3
　　×9.3

(5)　　8.2
　　×7.8

(6)　　0.78
　　×　4.7

(7)　　0.53
　　×0.27

(8)　　2.47
　　×　1.3

(9)　　1.58
　　×0.41

4 次のかけ算をしなさい。

(1)　 4.5
　　 ×1.8

(2)　 5.6
　　 ×8.5

(3)　 2.5
　　 ×5.2

(4)　 7.5
　　 ×6.8

(5)　 8.2 4
　　 ×　 4.5

(6)　 1.3 2
　　 ×0.7 5

5 次のかけ算で，積がかけられる数より大きくなる計算には○を，積がかけられる数より小さくなる計算には×を，〔　〕の中に書きなさい。

(1) 7.6×2.1

(2) 7.6×0.9

〔　　　　　〕

〔　　　　　〕

(3) 7.6×0.1

(4) 7.6×1.5

〔　　　　　〕

〔　　　　　〕

6 たつひろさんの体重は 32.4 kg です。たつひろさんのお父さんの体重は，たつひろさんの 2.3 倍です。お父さんの体重は何 kg ですか。

〔　　　　　〕

7 たてが 1.85 m，横が 12.6 m の長方形の形をした花だんがあります。この花だんの面積は何 m² ですか。

〔　　　　　〕

確認
しよう　小数どうしのかけ算では，かけられる数とかける数の小数部分のけた数の和に気をつけて，小数点の位置を考えます。

1 次のかけ算をしなさい。(32点/1つ4点)

(1) 2.4×3.7

(2) 4.4×1.6

(3) 9.4×6.5

(4) 7.8×0.32

(5) 0.36×5.4

(6) 0.35×0.74

(7) 10.5×2.5

(8) 8.52×3.6

2 次の計算をくふうしてしなさい。(20点/1つ5点)

(1) 2.95×0.125×8

(2) (0.6+0.05)×1.8

(3) 0.66×0.81+0.34×0.81

(4) 1.82×1.55−1.55×0.82

3 次の計算について，下の問いに答えなさい。(18点/1つ9点)

　ア　6.97×0.58　　イ　6.97×1.05　　ウ　6.97×0.99　　エ　6.97×0.13

(1) 積が6.97より大きくなる式はどれですか。記号で答えなさい。

〔　　　　　　　　〕

(2) 積が6.97より小さくなる式の中で，いちばん大きいものはどれですか。記号で答えなさい。

〔　　　　　　　　〕

4 ガソリン1Lでふつうの道路だと12.4km，高速道路だと15.6km走る自動車があります。35.5Lのガソリンを入れたとき，高速道路を走ると，ふつうの道路を走るよりどれだけ長く走れますか。(10点)

〔　　　　　　　　〕

5 ある数に13.2をたして7.5でわると9.4になります。ある数を求めなさい。

(10点)

〔　　　　　　　　〕

6 ともみさんは2.4×3.5+4.8×1.6の答えが2.4×(3.5+3.2)の答えと同じだといいます。ともみさんのように考えられる理由を「2.4をもとに」ということばを使って説明しなさい。(10点)

〔

〕

8 小数のわり算

要点のまとめ

❶ 小数÷小数

☑ **わる数の小数点をとって整数とし**，わられる数（もとの数）の小数点の位置を，わる数の小数部分のけた数と同じだけ右に移して計算します。

☑ **余りの小数点の位置**は，わられる数（もとの数）のもとの小数点の位置になります。

- -

❷ 商の大きさ

☑ 1より小さい数でわると，商はわられる数（もとの数）より**大きく**なります。1より大きい数でわると，その反対に**小さく**なります。

ステップ1

1 次の計算をしなさい。

(1) $27.6 \div 10$

(2) $49.3 \div 100$

2 次の□にあてはまる数を書きなさい。

(1) $0.91 \div 1.3 = \boxed{} \div 13$

(2) $9.1 \div 0.13 = \boxed{} \div 13$

3 次のわり算をしなさい。

(1) $0.4\overline{)25.2}$

(2) $1.7\overline{)73.1}$

(3) $2.8\overline{)7.84}$

(4) $2.5\overline{)32.5}$

(5) $3.5\overline{)9.45}$

(6) $0.47\overline{)7.52}$

40

4 次のわり算をわり切れるまで計算しなさい。

(1)

$$3.7\overline{)96.2}$$

(2)

$$2.8\overline{)47.6}$$

(3)

$$4.2\overline{)14.7}$$

(4)

$$4.8\overline{)1.32}$$

(5)

$$7.5\overline{)17.25}$$

(6)

$$0.35\overline{)0.42}$$

5 次のわり算をしなさい。商は小数第1位まで求め，余りも出しなさい。

(1) $6.7 \div 1.8$

(2) $3.45 \div 1.6$

(3) $2.7 \div 0.49$

 6 次のわり算をしなさい。商は四捨五入して，小数第1位まで求めなさい。

(1) $3.3 \div 8.6$

(2) $5.3 \div 2.7$

(3) $2.22 \div 0.83$

 わり切れない小数のわり算では，余りを出す場合と，四捨五入して商を求める場合があります。どの計算をするか最初に確にんしておきましょう。

🕐 時　間 30分　　✏️ 得　点

👍 合　格 80点　　　　　点

1 次のわり算をわり切れるまで計算しなさい。(18点/1つ3点)

(1) 7.7÷2.8

(2) 45.9÷3.4

(3) 10.8÷4.8

(4) 2.94÷8.4

(5) 5.98÷0.92

(6) 17.48÷0.95

2 次のわり算をしなさい。商は小数第2位まで求め、余(あま)りも出しなさい。

(9点/1つ3点)

(1) 70.8÷2.3

(2) 35.1÷4.1

(3) 64.2÷1.9

3 次のわり算をしなさい。商は四捨五入(ししゃごにゅう)して、小数第1位まで求めなさい。

(18点/1つ3点)

(1) 9.4÷2.7

(2) 39.8÷8.6

(3) 23.6÷2.1

(4) 28.29÷2.4

(5) 23.15÷1.7

(6) 31.61÷7.08

4 次の計算をしなさい。(16点/1つ4点)

(1) $7-11.5 \div 4.6$

(2) $2.34 \div 3.9 + 1.28$

(3) $15 \div 7.5 \times 2.3$

(4) $(6.71 - 4.39) \div 2.9$

5 次の式で，A はどれも0でない同じ大きさの数を表しています。商が最も大きくなるのはどれですか。記号で答えなさい。(9点)

ア $A \div 0.9$　　イ $A \div 2.4$　　ウ $A \div 8.5$　　エ $A \div 0.3$

〔　　　　　〕

6 マイルは外国で使われる長さの単位です。1マイルを1.61kmとします。12.5kmの道のりを歩くとき，1マイルごとに休けいすると，何回休けいすることになりますか。(10点)

〔　　　　　〕

7 69.25kgのさとうを，1.8kgずつふくろにつめます。ふくろは何まいいりますか。また，余りは何kgですか。(10点)

ふくろ〔　　　　　〕　余り〔　　　　　〕

8 たてが4.5m，横が9.68mの長方形の形をした土地があります。この土地の面積を変えないで，横を1.43mちぢめると，たての長さは何mになりますか。(10点)

〔　　　　　〕

43

9 平均

要点のまとめ

① 平均（へいきん）　☑いくつかの数や量の大きさをならして，同じ大きさにすることを平均するといいます。

- -

② 平均の公式　☑平均，合計，個数の間には，次の関係があります。

平均＝合計÷個数　　　合計＝平均×個数　　　個数＝合計÷平均

ステップ1

1 あるクラスで3つのはんに分かれて，学校から駅までの道のりを測りました。その結果は，1ぱんが1124 m，2はんが1128 m，3ぱんが1126 mでした。学校から駅までの道のりは何mあると考えられますか。

〔　　　　　〕

2 やすのりさんたち4人の体重は，右の表のようになっています。4人の体重の平均を求めなさい。

やすのり	28.4 kg
ひでのり	32.6 kg
ゆうき	34.6 kg
としき	30.8 kg

〔　　　　　〕

3 次の□にあてはまる数を書きなさい。

(1) 合計点が255点の3教科のテストの平均点は□点

(2) 平均の重さが62 gのたまご5個の重さはあわせて□g

(3) 平均の重さが96 g，合計の重さが768 gのみかんは□個

44

4 さとみさんの家では，30 日間に 24 kg の米を食べました。

(1) 1 日平均何 kg の米を食べましたか。

〔 　　　　　 〕

(2) 同じ量で食べ続けると，365 日では何 kg の米を食べることになりますか。

〔 　　　　　 〕

5 よし子さんのテストの結果は，国語，算数，理科，社会の 4 教科の平均点が 85 点で，国語 95 点，理科 75 点，社会 80 点でした。

(1) 合計点は何点でしたか。

〔 　　　　　 〕

(2) 算数は何点でしたか。

〔 　　　　　 〕

6 6 人の大工さんが，10 日間かかって仕上げる仕事があります。

(1) のべ何人の大工さんが働くことになりますか。

〔 　　　　　 〕

(2) のべ日数は，何日といえますか。

〔 　　　　　 〕

(3) この仕事を大工さん 4 人ですると，何日かかる予定になりますか。

〔 　　　　　 〕

確認
しよう　平均の問題の多くは，全体の合計を出して計算することが重要になります。合計をいつも考えて，問題を解くようにしましょう。

ステップ**2**

月　　日　答え ➡ 別さつ12ページ

⏰ 時 間 35分
👍 合 格 80点

✏️ 得 点

点

1 右の表は，学級文庫を利用した人の数を
表しています。1日に利用した人の数の
平均は (10+4+8+12)÷4 という式で
は求められません。その理由を説明しなさい。(10点)　〔京都教育大附属桃山中－改〕

曜 日	月	火	水	木	金
人数(人)	10	0	4	8	12

2 A，B，Cの3人のテストの平均点が72点で，Dが64点のとき，A，B，C，
Dの4人の平均点は何点ですか。(10点)　〔学習院中〕

3 A，B，C 3人のテストの平均点は87点です。AとBの平均点は89点です。
Cは何点ですか。(10点)

4 算数の4回のテストの平均点が68点でした。5回の平均点が70点以上にな
るためには，5回目のテストで何点以上とればよいですか。(10点)　〔大谷中(大阪)〕

5 下の表は，清子さんの5回のテストの点数と平均点を表したものです。2回目
は3回目より5点多く取りました。2回目のテストは何点ですか。(10点)

〔ノートルダム清心中〕

テスト(回)	1	2	3	4	5	平均点
点 数(点)	83			90	75	73.4

6 ゆう子さんは，今までの算数のテストの平均点は 89 点でしたが，今回 93 点とったので，平均点が 90 点になりました。算数のテストは，今までに何回ありましたか。(10点)

〔　　　　　〕

7 右の表はお正月 3 日間に食べたおもちの数を，クラスで調査してまとめた表です。(16点/1つ8点)　〔藤村女子中〕

おもちの数	0	1	3	5	8
人　数	3	5	11	10	7

(1) クラスの人数は何人ですか。

〔　　　　　〕

(2) 平均して 1 人何個のおもちを食べたことになりますか。

〔　　　　　〕

8 右の表は，1 週間にあるボランティア活動に参加した人の数を示しています。(24点/1つ8点)

曜　日	月	火	水	木	金
人数(人)	51	53	52	50	54

(1) 1 日平均，何人が活動に参加しましたか。

〔　　　　　〕

(2) 仮の平均を 50 人として，1 日平均，何人が活動に参加したかを求める式を書きなさい。

(式)

(3) この 1 週間に活動に参加したのべ人数は何人ですか。

〔　　　　　〕

単位量あたりの大きさ

要点のまとめ

❶ 単位量あたり	⊘ 種類のちがった2つの量を比（くら）べるには，**単位量あたり**で大きさを比べるとつごうのよい場合があります。 ⊘ 単位量は，いろいろな量で考えることができます。たとえば，重さ，広さ，人数，個数（こすう）などです。
❷ 人口みつ度	⊘ 1km² あたりに住んでいる人数のことを，**人口みつ度**といいます。国や県などに住んでいる人の混（こ）みぐあいなどを比べるときに使います。

ステップ1

1 長さが8mで，重さが120gのはり金があります。

(1) このはり金の1mあたりの重さは何gですか。

〔　　　　　　　〕

(2) このはり金5mの重さは何gですか。

〔　　　　　　　〕

2 100gが320円の牛肉があります。この牛肉250gのねだんはいくらですか。

〔土佐女子中〕

〔　　　　　　　〕

3 4個240円のみかんと，3個210円のみかんでは，どちらのみかんが安いですか。

〔　　　　　　　〕

48

4 右の表は，AとBの田の米のとれ高を表したものです。AとBの田のどちらが，1m² あたりの米のとれ高が多いですか。

	面積(m²)	とれ高(kg)
A	1500	720
B	2000	920

〔　　　　　　　　　〕

5 太郎さんは，自分の住んでいるA市ととなりのB市の面積と人口を調べ，表にまとめました。人口みつ度が高いのはどちらの市ですか。
〔長崎大教育学部附属中〕

	面積(km²)	人口(万人)
A市	406	45
B市	109	12

〔　　　　　　　　　〕

6 A，Bの2台の自動車があります。Aの自動車は480km走って40Lのガソリンを使いました。Bの自動車は450km走って30Lのガソリンを使いました。
〔東京学芸大附属世田谷中－改〕

(1) A，Bの自動車が同じ道のりを走るとき，ガソリンの使用量が少なかったのは，どちらの自動車ですか。

〔　　　　　　　　　〕

(2) 走った道のりに対するガソリンの使用量の割合が，Aの自動車とBの自動車の間となる自動車は，たとえば何km走って何Lのガソリンを使う自動車ですか。1つ例をあげなさい。

〔　　　　　　　　　〕

確認しよう　2種類の単位が混ざった問題では，単位をどちらかにそろえることがたいせつです。問題をよく見て，どちらの単位にそろえるかを考えてから解きましょう。

STEP 2
ステップ **2**

時　間 30分
合　格 80点
得　点
点

1 1Lあたりの重さが0.85kgの油1kgは約何Lですか。四捨五入して小数第1位までの小数で答えなさい。(10点)

〔　　　　　　　　〕

2 9dLで5m²のかべをぬれるペンキがあります。(20点/1つ10点)

(1) 7.6m²のかべをぬるには，何dLのペンキを使いますか。

〔　　　　　　　　〕

(2) 12.6dLのペンキでは，何m²のかべをぬることができますか。

〔　　　　　　　　〕

3 480m²の水田で，昨年は264kgのお米がとれましたが，今年は，192kgしかとれませんでした。1m²あたりのとれ高は何kg減ったことになりますか。

(10点)

〔　　　　　　　　〕

4 100gあたり120円のはり金があります。このはり金の4mの重さは160gでした。このはり金を30m買ったときの代金を求めなさい。ただし，消費税は考えません。(10点)　　　　　　　　　　　　　　〔大阪教育大附属平野中〕

〔　　　　　　　　〕

5 右の表は，3つの市の人口と面積を表したものです。人口みつ度が最も高い市を選び，その市の人口みつ度を，小数第1位を四捨五入して答えなさい。(10点)

	人口(人)	面積(km²)
北市	57143	4.5
中市	180196	20.3
南市	72485	6.7

市〔　　　　　　　〕 人口みつ度〔　　　　　〕

6 A市とB町の人口みつ度が同じとき，A市とB町が合ぺいしても人口みつ度は変わりません。その理由を説明しなさい。(10点)

〔　　　　　　　　　　　　　　　　　　　　　　　　　　　　　　　　〕

7 直方体の形をした深さ67cmの水そうにいくらかの水がはいっています。この水そうに水を入れたところ，水の深さは5分後には13cm，10分後には22cmになりました。ただし，水そうは水平におかれていて，毎分同じ量の水を入れるものとします。(30点/1つ10点)

(1) 水の深さは1分間に何cmの割合で増えますか。

〔　　　　　　〕

(2) はじめにはいっていた水の深さは何cmですか。

〔　　　　　　〕

(3) 水そうがいっぱいになるのは水を入れ始めてから何分後ですか。

〔　　　　　　〕

STEP **3** 7~10
ステップ3

月　日　答え ➡ 別さつ13ページ

⏰時　間 35分
👍合　格 80点

✏️得　点

点

1 次の計算をしなさい。(12点/1つ4点)

(1) 0.32×1.6÷0.64

(2) 8−0.625÷0.5+0.25

(3) 3.8×2.5×4

〔賢明女子学院中〕

2 次の計算をしなさい。ただし，答えは小数で表しなさい。(20点/1つ5点)

(1) $0.5+\dfrac{4}{25}\times0.2$

(2) $\dfrac{4}{5}+1.23\times\dfrac{2}{5}$

(3) $1.6+\dfrac{3}{20}\div0.15$

(4) $5.6\div1\dfrac{3}{4}-1.4$

重要 **3** 次の計算を，くふうしてしなさい。(20点/1つ5点)

(1) 43.2×11.6+43.2×18.4

(2) 7.16×27.4+28.4×2.74

(3) 95.6÷9.2−17.4÷9.2

(4) 8.38÷8.5−0.056÷0.85

4 男子4人，女子6人のグループが，算数のテストを受けました。結果は，グループ全体の平均点が75点でした。男子だけの平均点は□点で，女子だけの平均点よりも5点低くなりました。□にあてはまる数を求めなさい。(12点)

〔京都教育大附属京都中〕

〔　　　　　　　〕

5 けいくんが国語，算数，理科，社会，英語のテストを受けました。国語，社会，英語の平均点が62点，算数，理科，英語の平均点が70点，5つのテストの合計点が332点でした。英語の得点は何点ですか。(12点)　　〔神戸龍谷中〕

〔　　　　　　　〕

重要 6 あるタンクを満水にするのに，A管だけを使うと40分かかり，B管だけを使うと1時間かかりました。A管を使うと1分間に12Lの水を入れることができます。B管を使うと1分間に□ア□Lの水を入れることができます。同時に使うと□イ□分でこのタンクは満水になります。□にあてはまる数をそれぞれ求めなさい。(12点/1つ6点)　　〔雲雀丘学園中〕

ア〔　　　　　　　〕 イ〔　　　　　　　〕

7 A市，B市，C町の人口と面積は次の通りです。

(12点/1つ6点)〔広島学院中－改〕

	人口(人)	面積(km²)
A市	50000	200
B市	72000	300
C町		50

(1) A市からB市に何人ひっこせば，A市の人口みつ度とB市の人口みつ度が等しくなりますか。

〔　　　　　　　〕

(2) B市とC町が合ぺいして新B市になり，その人口みつ度は，合ぺい前のC町の人口みつ度と等しくなりました。合ぺい前のC町の人口は何人ですか。

〔　　　　　　　〕

 割　合

要点のまとめ

❶割合	☑割合は，もとにする量を1として考えた数で，整数，小数，分数などで表します。 ☑割合，比べる量，もとにする量の間には，次の関係があります。 　**割合＝比べる量÷もとにする量** 　**比べる量＝もとにする量×割合** 　**もとにする量＝比べる量÷割合**
❷百分率	☑もとにする量を100として，比べる量を表した割合を百分率といい，**パーセント(%)** をつけて表します。 ☑小数で表された割合の0.01を，1%といいます。
❸歩合	☑0.1を**1割**，0.01を**1分**，0.001を**1厘**とした割合の表し方を**歩合**といいます。例 0.235＝2割3分5厘

ステップ1

1 次の割合を，小数・整数のどちらかで表しなさい。

(1) 100円は，20円の何倍ですか。

〔　　　　　　　〕

(2) 30人は，100人のどれだけにあたりますか。

〔　　　　　　　〕

(3) 50さつに対して，30さつの割合はどれだけですか。

〔　　　　　　　〕

(4) 80mに対して，30mの割合はどれだけですか。

〔　　　　　　　〕

2 次の小数や歩合を百分率で表しなさい。

(1) 0.23　　　　　　　(2) 0.307　　　　　　　(3) 1.05

〔　　　　　　〕　　　〔　　　　　　〕　　　〔　　　　　　〕

(4) 5割6分　　　　　　(5) 16割2分　　　　　　(6) 4割5分8厘

〔　　　　　　〕　　　〔　　　　　　〕　　　〔　　　　　　〕

3 次の□にあてはまる数を書きなさい。

(1) 400人の20%は □ 人　　　　(2) 800円の3割5分は □ 円

(3) □ 円の20%は1800円　　　　(4) 50さつの □ %は15さつ

4 つばささんのサッカーチームは，20回試合をしました。その結果は，11勝9敗でした。勝率は何割何分ですか。

〔　　　　　　　　〕

5 次の問いに答えなさい。

(1) 32gの2kgに対する割合を百分率で表しなさい。　　　　　〔甲南女子中〕

〔　　　　　　　　〕

(2) 81人のグループの中に30才以下の人は24人います。30才より年上の人はグループ全体の何%ですか。四捨五入して小数第一位まで求めなさい。

〔和歌山信愛中〕

〔　　　　　　　　〕

STEP 2

ステップ2

1 次の □ にあてはまる数を求めなさい。(24点/1つ8点)

(1) 200gの3割は，5kgの □ %です。　〔普連土学園中〕

〔　　　　　　〕

(2) 320円の75%は，□ 円の2割5分です。　〔関西大倉中〕

〔　　　　　　〕

(3) 50人の □ %と48人の $\frac{1}{3}$ を合わせると36人です。

〔　　　　　　〕

2 しのぶ君は，晴れの日に家から学校まで歩くと18分かかります。雨の日は，晴れの日の1.5倍の時間がかかります。雨の日に，午前8時ちょうどに学校に着くには，家を午前何時何分に出ればよいですか。(8点)　〔桐朋中－改〕

〔　　　　　　〕

3 500まいの紙があり，全体の90%が赤い紙です。赤い紙の割合を全体の80%にするためには，赤い紙を何まい取りのぞけばよいですか。(8点)　〔高輪中〕

〔　　　　　　〕

4 200gの肉を20%増量したときの重さは何gですか。また，15%増量した重さが184gのハンバーガーの元の重さは何gですか。(10点/1つ5点)

肉の重さ〔　　　　　　〕　ハンバーガーの重さ〔　　　　　　〕

5 落とした高さの 35 % だけはね上がるボールがあります。このボールを 1 m 20 cm の高さから落とすとき，2 度目にはね上がる高さは何 cm ですか。

(10点)

〔　　　　　　　　　〕

6 けんたさんは，持っている金額の 20 % にあたる 1000 円で本を買いました。本の代金は，残金の何%にあたりますか。(10点)

〔　　　　　　　　　〕

7 公園にいる人のうち，男子の割合は 60 % で，女子の 25 % にあたる 25 人がドッジボールをしています。公園には全部で何人いますか。(10点)

〔　　　　　　　　　〕

8 弁当屋で，右のような割引サービスをしています。
右下の 3 つの弁当を，それぞれ 1 こずつ買うとき，平日，休日のどちらで買うと安く買えますか。
理由を説明して答えなさい。

(20点)

・平日は 400 円以上の弁当は 2 割引き
・休日は全品 15 % 引き

からあげ弁当
420円

のり弁当
360円

まくのうち弁当
500円

〔

12 割合のグラフ

要点のまとめ

❶帯グラフ・円グラフ

☑全体を１本の帯で表したグラフを**帯グラフ**といい，全体を１つの円で表したグラフを**円グラフ**といいます。

☑帯グラフと円グラフは，全体をもとにした各部分の割合をみたり，各部分の割合を比べたりするのに便利です。

❷円グラフの中心角

☑円グラフでは，各部分の割合から中心角を求めることができます。

例 右の円グラフの㋐の中心角は，
　360°×0.4＝144°

ステップ1

1 下の帯グラフは，たくみさんの学校の前を通った車の種類とその台数の割合を表したものです。

| 乗用車 | トラック | 自転車 | その他 |

0　10　20　30　40　50　60　70　80　90　100%

(1) 乗用車は全体の何%ですか。

〔　　　　　　　　〕

(2) 学校の前を通った車が全部で240台であるとき，乗用車は何台ですか。

〔　　　　　　　　〕

(3) 全体の帯を10cmとすると，乗用車を表す部分の長さは何cmになりますか。

〔　　　　　　　　〕

2 下の(1)～(5)は，大豆の成分です。これを長さ60cmの帯グラフに表したいと思います。それぞれの成分を表す部分の長さは何cmになりますか。

(1) 水分 12%　　　(2) たんぱく質 34.3%　　　(3) しぼう 17.5%

〔　　　　　　　〕　　〔　　　　　　　〕　　〔　　　　　　　〕

(4) でんぷん 30%　　　(5) その他 6.2%

〔　　　　　　　〕　　〔　　　　　　　〕

3 右のグラフは，さくらさんの持っている本の種類とそのさっ数の割合を表したものです。

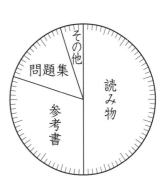

(1) 参考書は，全体の何%にあたりますか。

〔　　　　　　　〕

(2) さくらさんは，全部で60さつの本を持っています。参考書は何さつ持っていますか。

〔　　　　　　　〕

4 右の表は，白米200g中の成分の重さを表したものです。

水　分	たんぱく質	でんぷん	その他
30g	12g	156g	2g

(1) それぞれの成分は何%になりますか。

水分〔　　　　　　　〕

たんぱく質〔　　　　　　　〕

でんぷん〔　　　　　　　〕

その他〔　　　　　　　〕

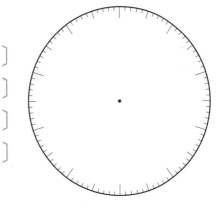

(2) (1)の割合を右の円グラフに表しなさい。

 確認しよう　円グラフや帯グラフの2番目から後のこう目の割合は，そのこう目の始めの目もりと終わりの目もりに注意して読みとることがたいせつです。

ステップ**2**

⏰ 時　間 35分　✏得　点

👍 合　格 80点　　　点

1 ある小学校の6年生に，国語，算数，理科，社会のうち得意な教科を1つだけ聞きました。右の表は，その人数をまとめたものです。〔西南女学院中〕

国語	算数	理科	社会	合計
㋐人	36人	24人	18人	㋑人

(1) これを全体の長さが30cmの帯グラフに表すと，算数の部分は9cmになりました。㋐，㋑にあてはまる数をそれぞれ求めなさい。(12点/1つ6点)

㋐〔　　　　　　　〕㋑〔　　　　　　　〕

(2) これを円グラフに表すと，国語の中心角は何度になりますか。(6点)

〔　　　　　　　〕

2 右の円グラフは，ある町で乗られている乗用車の台数の割合を，色別に表したものです。

(12点/1つ6点)〔福岡教育大附中〕

ある町で乗られている乗用車の台数の色別の割合

(1) 緑色の乗用車の台数の割合は，銀色の乗用車の台数の割合の $\frac{1}{3}$ でした。このとき，銀色の乗用車の割合は全体の何%ですか。

〔　　　　　　　〕

(2) この町で乗られている乗用車の台数は，全部で25600台でした。このとき，白色以外の色の乗用車の台数は何台ですか。

〔　　　　　　　〕

3 右の図は，ある学校に通う生徒の住んでいる地いきの割合を円グラフに表したものです。

(12点/1つ6点)〔日本女子大附中－改〕

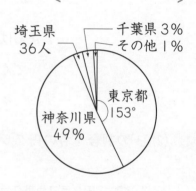

(1) 東京都に住んでいる生徒は全体の何%ですか。

〔　　　　　　　〕

(2) 神奈川県に住んでいる生徒の割合を，円グラフの中心の角度で表すと何度ですか。

〔　　　　　　　〕

4 右の表は，ある食品の成分を表したものです。 〔愛国中〕

	重さ(g)	百分率(%)
しぼう	40	㋐
たんぱく質	56	28
炭水化物	88	㋑
その他	16	8
計	200	100

(1) 右の表の㋐，㋑を求めなさい。
(12点/1つ6点)

㋐〔　　　　　〕 ㋑〔　　　　　〕

(2) この表を円グラフに表すとき，たんぱく質の部分の中心角は何度になりますか。ただし，小数第1位を四捨五入して，整数で求めなさい。(6点)

〔　　　　　　〕

5 東小学校と西小学校で「いちばん好きなくだもの」について調べて，下のグラフに表しました。

「いちばん好きなくだもの」別の人数の割合

東小学校
(400人)

| イチゴ ㋐% | メロン ㋑% | ミカン 14% | バナナ ㋒% | その他 13% |

西小学校
(250人)

| イチゴ 30% | メロン 26% | ミカン 20% | バナナ 14% | その他 10% |

0 10 20 30 40 50 60 70 80 90 100 (%)

(1) 東小学校では，イチゴとメロンが好きな人の数をあわせると256人で，メロンが好きな人の数はバナナが好きな人の数の2倍でした。上のグラフの㋐，㋑，㋒を求めなさい。(18点/1つ6点)

㋐〔　　　　　〕 ㋑〔　　　　　〕 ㋒〔　　　　　〕

(2) 東小学校のメロンが好きな人は何人ですか。(6点)

〔　　　　　　〕

(3) みかさんは，上のグラフを見て，次のように考えました。
「メロンが好きな人の数は，西小学校のほうが多い」
これは正しいですか。まちがっていますか。理由も説明して答えなさい。

(16点)

〔　　　　　　　　　　　　　　　　　　　　　　　　〕

13 相当算

要点のまとめ

❶ 相当算	☑比べる量や割合から，割合の式を用いて，もとにする量を求めるような問題を**相当算**といいます。

ステップ1

1 ある日のてんらん会の入場者数は，前日より 16% 減って，3066 人でした。

(1) 3066 人は前日の入場者数の何%にあたりますか。

〔　　　　　　　　〕

(2) 前日の入場者数は何人ですか。

〔　　　　　　　　〕

2 ある学校の今年度の入学希望者は 546 名で，昨年度の入学希望者より 5% 増えています。昨年度の入学希望者は何人でしたか。

〔　　　　　　　　〕

3 水そう全体の $\frac{1}{3}$ だけ水がはいっていて，新しく 15 L の水を入れたら全体の $\frac{1}{2}$ になりました。この水そうの容積は何 L ですか。　　　　　〔公文国際学園中-改〕

〔　　　　　　　　〕

4 はずませると，落とした高さの 75 % の高さまではね返ってくるゴムボールがあります。ある高さからこのゴムボールを落としてはずませたとき，54 cm の高さまではね返ってきました。最初にゴムボールを何 cm の高さから落としましたか。

〔愛知教育大附属名古屋中〕

〔　　　　　　　　　　　〕

5 何まいかあるコインをAさん，Bさん，Cさんの3人で分けました。Aさんが全体の $\frac{1}{3}$，Bさんが全体の $\frac{1}{4}$，Cさんが全体の $\frac{1}{6}$ にあたるまい数のコインを取ったので，6まい残りました。はじめにコインは何まいありましたか。

〔三輪田学園中〕

〔　　　　　　　　　　　〕

6 今年の子ども会まつりの入場者数は昨年より 90 人増えました。この人数は昨年の入場者数の $\frac{5}{6}$ より 120 人多い数です。今年の入場者数は何人ですか。

〔東海大付属大阪仰星高中－改〕

〔　　　　　　　　　　　〕

7 周りの長さが 72 cm の長方形があります。この長方形の横の長さだけ $\frac{3}{4}$ にすると，周りの長さが 60 cm になります。この長方形のたての長さは何 cm ですか。

〔奈良育英中－改〕

〔　　　　　　　　　　　〕

確認
しよう　もとにする量は，比べる量÷割合 で求められます。

STEP 2

ステップ**2**

⏲ 時 間 35分　✏得 点
👍合 格 80点　　　　点

1 1本のリボンがあります。最初に $\frac{1}{5}$ を使い，次に残りの $\frac{2}{3}$ を使ったら，24 cm 残りました。リボンははじめ何 cm ありましたか。(12点)

〔　　　　　　　　〕

2 A君は持っていたお金の $\frac{4}{7}$ の金額でノートを買い，残りの $\frac{13}{35}$ の金額で消しゴムを買ったところ，132 円残りました。A君ははじめに何円持っていましたか。(12点)　　　　　　　　　　　　　　　　　〔大宮開成中〕

〔　　　　　　　　〕

3 あるボールをゆかにそのまま落とすと，落とした高さの4割だけはずみます。このボールが2回目にはずんだときの高さを測ったら，20 cm でした。はじめに何 cm の高さからボールを落としましたか。(12点)

〔　　　　　　　　〕

4 ある本を4日間で読みました。1日目は 60 ページ読み，2日目は残りの $\frac{1}{3}$，3日目は残りの $\frac{3}{4}$，4日目は残りの 60 ページを読みました。この本は全部で何ページありますか。(12点)　　　　　　　　　　　　　〔上宮太子中〕

〔　　　　　　　　〕

5 色紙が何まいかあります。Aさんが全体の$\frac{4}{7}$を取り，Bさんが残りの$\frac{2}{3}$を取り，Cさんが Bさんが取った残りの$\frac{1}{2}$を取ったら，色紙は3まい残りました。はじめ色紙は何まいありましたか。(16点)

〔　　　　　　　〕

6 同じ長さの2本のぼうで，A，B 2か所の池の深さを測ります。Aではぼうの80％が水中にはいり，Bでは65％が水中にはいりました。水中から出ている部分の差が30cmのとき，Aの深さは何cmですか。(16点)　　　　〔滝川中〕

〔　　　　　　　〕

7 A，B，C，Dの4人で，1本のロールケーキをこの順で分けるのに，Aは$\frac{1}{4}$，Bは残りの$\frac{1}{4}$，Cは残りの$\frac{1}{4}$ というように，残りの$\frac{1}{4}$ずつ取っていき，Dは最後に残りの全部をもらうことにします。
Dのケーキの長さはAのケーキの長さの何倍ですか。(20点)　　〔青山学院横浜英和中〕

〔　　　　　　　〕

14 損益算

要点のまとめ

❶損益算

✅仕入れねや定価，売りね，また，利益や損失などの金額を求める問題を，**損益算**といいます。仕入れね，利益，定価，売りね，損失の間には，次のような関係があります。

利益＝売りね−仕入れね＝仕入れね×利益の割合

定価＝仕入れね＋見こみの利益＝仕入れね×（1＋見こみの利益の割合）

売りね＝定価−割引額＝定価×（1−割引の割合）

損失＝仕入れね−売りね＝仕入れね×損失の割合

ステップ1

1 定価が6400円の商品を2割5分引きで売ると，売りねは何円になりますか。

〔帝塚山学院中−改〕

〔　　　　　　　　〕

2 定価1200円の手ぶくろを780円で買いました。売りねは定価の何%引きですか。

〔松蔭中（兵庫）−改〕

〔　　　　　　　　〕

重要 3 原価1200円の品物に15%の利益を見こんで定価をつけました。定価は何円ですか。

〔プール学院中−改〕

〔　　　　　　　　〕

4 540円のお弁当と120円のお茶をセットで購入したら，561円でした。セットの金額は合計金額の何%引きですか。

〔追手門学院大手前中−改〕

〔　　　　　　　　〕

5 定価 1200 円の商品を 2 割引きで売ったら，260 円の利益がありました。この商品の仕入れねは何円ですか。

〔　　　　　　　〕

6 ある商品の原価に 15% の利益を見こんでつけると定価は 4830 円です。この商品の原価を求めなさい。

〔慶應義塾湘南藤沢中〕

〔　　　　　　　〕

7 ある商品が定価の 3 割引きで売られていて，その売りねは 1260 円でした。この商品の定価は何円ですか。

〔　　　　　　　〕

8 ある商品が定価の 1 割引きの 1260 円で売られていました。この売りねでも 26% の利益があるそうです。

(1) この商品の定価は何円ですか。

〔　　　　　　　〕

(2) この商品の仕入れねは何円ですか。

〔　　　　　　　〕

(3) 定価は仕入れねの何%の利益を見こんでつけられましたか。

〔　　　　　　　〕

確認
しよう　　損益算の問題は，何をもとに割合が表されているかに注意して解きましょう。

STEP 2　ステップ2

重要 1 ある品物を 3250 円で仕入れました。仕入れねの 20% の利益を見こんで定価をつけましたが，売れなかったので，定価の 10% 引きで売りました。いくらで売りましたか。(12点)

〔開智中(和歌山)－改〕

〔　　　　　　　　　〕

2 ある品物を 1200 円で仕入れて，3割の利益を見こんで定価をつけましたが，売れなかったので，定価の 1 割 5 分引きで売りました。利益は何円ですか。

(12点)

〔　　　　　　　　　〕

3 原価が 2100 円の品物に 15% の利益を見こんで定価をつけましたが，売れなかったので，定価の 20% 引きで売りました。何円損をしましたか。(12点)

〔関西大倉中〕

〔　　　　　　　　　〕

重要 4 原価の 5 割の利益を見こんで定価をつけた商品を 2 割引きで売ります。このとき，利益は原価の何%になりますか。(12点)

〔広島城北中－改〕

〔　　　　　　　　　〕

5 ある品物に2割の利益を見こんで定価をつけましたが，売れなかったので，定価の3割引きの966円で売りました。この品物の原価は何円ですか。(12点)

〔大阪信愛学院中〕

〔　　　　　　　　　〕

6 800円の利益を見こんで定価をつけた商品について，1割5分のね引きをしたところ，270円安くなりました。この商品の原価は何円ですか。(12点)

〔　　　　　　　　　〕

7 品物A，Bがあります。Aの2割引きのねだんとBの1割増しのねだんが同じです。Aのもとのねだんが1100円のとき，Bのもとのねだんはいくらですか。

(12点)

〔　　　　　　　　　〕

8 ある品物に仕入れねの4割の利益を見こんで1400円の定価をつけました。しかし，売れなかったので，次の2つの売り方を考えました。

A　定価の2割引きで売る。

B　定価の300円引きで売る。

A，B2つのうち，どちらの売り方のほうが利益が出ますか。式とことばで説明しなさい。(16点)

濃度算

月　　日　　答え ➡ 別さつ18ページ

要点のまとめ

❶ **濃度算**　　　⊘食塩を水に混ぜたときの濃度(濃さ)や食塩，水の重さなどを求める問題を**濃度算**といいます。

- -

❷ **公　式**　　　⊘食塩水の濃度(%)=食塩の重さ÷食塩水の重さ×100
食塩の重さ=食塩水の重さ×食塩水の濃度(%)÷100
食塩水の重さ=食塩の重さ÷食塩水の濃度(%)×100

ステップ **1〜2**

⏱ 時 間 35分
👍 合 格 80点
✏ 得 点　　　　点

1 水 450 g，食塩 50 g でつくられた食塩水の濃さは何%ですか。(10点)　〔柳学園中〕

〔　　　　　　　　〕

2 13% の食塩水 170 g には，食塩が何 g ふくまれていますか。(10点)　〔甲南中〕

〔　　　　　　　　〕

3 8% の食塩水 200 g をつくるには，水が何 g いりますか。(10点)　〔樟蔭中一改〕

〔　　　　　　　　〕

4 18 g の食塩をとかして，6% の食塩水をつくります。水は何 g いりますか。

(10点)

〔　　　　　　　　〕

70

5 4％の食塩水300gに水100gを加えると，何％の食塩水ができますか。

（10点）〔共立女子第二中〕

〔 　　　　　 〕

6 3.5％の食塩水が600gあります。これを5％にするには水を何gじょう発させればよいですか。(15点)

〔金蘭千里中〕

〔 　　　　　 〕

7 3％の食塩水200gと，6％の食塩水400gを混ぜあわせると，何％の食塩水ができますか。(15点)

〔共立女子第二中〕

〔 　　　　　 〕

8 次の食塩水や水，食塩のうち，いくつかを混ぜて，4％の食塩水をつくろうと思います。どのように混ぜればよいですか。ただし，混ぜるときは，容器にはいったものをすべて混ぜるものとします。(20点)

食塩水A 15%	食塩水B 10%	食塩水C 5%	水A	水B	塩
300g	300g	200g	500g	1000g	10g

〔 　　　　　 〕

確認しよう　食塩水の問題を解くときは，もとにする量が食塩水の重さで，割合が濃度で，比べられる量が食塩の重さであることを確にんしておきましょう。
比べられる量＝もとにする量×割合

 消去算

❶ 消去算　　✓わからない数量が2つ以上あるとき，それらの関係を整理して，ある数量を消去して1つの数量にし，答えを求める問題を**消去算**といいます。

ステップ **1~2**

⏱時間 35分　　✏得点

👍合格 80点　　　　点

1 みかん9個をかごにつめてもらったら，かご代と合わせて885円でした。みかんを6個増やすと，1275円になるそうです。みかん1個のねだん，かご代はそれぞれいくらですか。(10点)

〔北鎌倉女子学園中一改〕

みかん〔　　　　　　〕　かご〔　　　　　　〕

2 ガム2個とあめ3個を買うと341円，ガム2個とあめ5個を買うと451円になります。ガム1個，あめ1個のねだんはそれぞれ何円ですか。(10点)

ガム〔　　　　　　〕　あめ〔　　　　　　〕

3 りんご2個とみかん3個のねだんは同じです。このりんご4個とみかん8個を買うと，代金は1120円でした。りんご1個のねだんは何円ですか。(10点)

〔　　　　　　〕

4 りんご1個とみかん3個を買うと270円，りんご2個とみかん4個を買うと440円になります。りんご1個のねだんは何円ですか。(10点)　〔京都教育大附属桃山中〕

〔　　　　　　〕

5 ノート5さつとえん筆4本で920円，ノート8さつとえん筆2本で1120円です。えん筆のねだんを求めなさい。(10点) 〔帝京大中〕

〔　　　　　　　〕

6 にんじん2本とじゃがいも3個を買うと，280円です。にんじん1本はじゃがいも1個より20円高いです。にんじん1本，じゃがいも1個のねだんはそれぞれ何円ですか。(15点)

にんじん〔　　　　　　　〕　じゃがいも〔　　　　　　　〕

7 大人3人と子ども5人でバスに乗ったら，料金は990円でした。大人1人の料金は子ども1人の料金の2倍です。大人1人，子ども1人の料金はそれぞれ何円ですか。(15点)

大人〔　　　　　　　〕　子ども〔　　　　　　　〕

 8 A，B，Cの3つのおもりがあります。AとBのおもりの和は51g，BとCのおもりの和は67g，AとCのおもりの和は38gです。このときAのおもりの重さは何gですか。式とことばで説明して，求めなさい。(20点)

〔智辯学園奈良カレッジ中〕

```
┌                                              ┐



└                                              ┘
```

確認
しよう

2つの数量の関係から1つの数量を求めるときには，次の2つの方法があります。
・最小公倍数で数量をそろえる。
・一方の数量をもう一方の数量におきかえる。

1 1個600円の品物があります。30個より多く買うと，30個をこえた分について1割引き，60個をこえた分について2割引き，90個をこえた分について3割引き，120個をこえた分について4割引きにしてくれます。(16点/1つ8点)

〔神戸女学院中〕

(1) 70個買うといくらになりますか。

[　　　　　　　]

(2) 60000円では何個まで買えますか。

[　　　　　　　]

2 右の表は，ある年のオレンジ類の生産量の割合を，世界の地いき別に示したものです。オレンジ類の生産量の総量は9000万トンでした。　〔大阪教育大附属平野中－改〕

オレンジ類の生産量の割合(%)

アジア	38
アフリカ	8
ヨーロッパ	11
北アメリカ	17
南アメリカ	25
オセアニア	1

[地理 統計要覧より]

(1) この年のアジアの生産量を求めなさい。(6点)

[　　　　　　　]

(2) この年のオレンジ類の生産量の割合を帯グラフで表しなさい。(10点)

```
┌─────────────────────────────────┐
│                                 │
└─────────────────────────────────┘
0   10  20  30  40  50  60  70  80  90  100(%)
```

3 ある土地はAとBの2つに分かれています。Aの面積は全体の面積の35%よりも57 m² 小さく，Bの面積は全体の面積の70%よりも23 m² 大きいです。この土地全体の面積は何 m² ですか。(16点)

〔六甲学院中〕

[　　　　　　　]

4 ある店では，ある商品を毎月 100 個仕入れています。その定価は，3 割の利益を見こんでつけられています。1 月には，100 個全部が定価で売れ，60000 円の利益が出ました。2 月には，70 個が定価で売れましたが，残りが売れなかったので，定価の 2 割引きで売ったら，全部売れました。(20点/1つ10点)

(1) この商品の 1 個あたりの仕入れねは何円ですか。

〔　　　　　　　〕

(2) 2 月の利益は何円ですか。

〔　　　　　　　〕

5 3 ％の食塩水 300 g と 7 ％の食塩水 100 g を混ぜ合わせてできた食塩水 400 g から 200 g を取りだし，こさがわからない食塩水 100 g と混ぜ合わせると 6 ％の食塩水ができました。何%の食塩水を混ぜましたか。(16点) 〔滝川中〕

〔　　　　　　　〕

6 A，B，C の 3 種類のおもりがあります。A 1 個，B 1 個，C 1 個の重さの合計は 350 g です。A 3 個と B 2 個の重さは同じです。また，A 5 個の重さと B 3 個の重さの合計は 760 g です。A 1 個，B 1 個，C 1 個の重さはそれぞれ何 g ですか。(16点)

A 〔　　　　　〕　　B 〔　　　　　〕　　C 〔　　　　　〕

速　さ

要点のまとめ

❶ 速さの表し方

✅ 速さには，一定の道のりを進むのにかかる時間で表す方法と，一定の時間に進む道のりで表す方法があります。

✅ よく使われる速さの表し方は，次の3つです。

時速……1時間あたりに進む道のりで表した速さ

分速……1分間あたりに進む道のりで表した速さ

秒速……1秒間あたりに進む道のりで表した速さ

❷ 速さの公式

✅ **速さ＝道のり÷時間**

道のり＝速さ×時間

時間＝道のり÷速さ

ステップ 1

1 次の問いに答えなさい。

(1) 400 km を8時間で走る車の速さは時速何 km ですか。

〔　　　　　　　　〕

(2) 3.5 km を50分で歩く人の速さは分速何 m ですか。

〔　　　　　　　　〕

2 次の問いに答えなさい。

(1) 分速500 m のモノレールは，8分間に何 km 進みますか。　〔京都教育大附属桃山中〕

〔　　　　　　　　〕

(2) 時速72 km で走る自動車は，45分間に何 km 進みますか。

〔　　　　　　　　〕

3 次の問いに答えなさい。

(1) 分速 60 m で歩くと，1500 m の道のりを歩くのに何分かかりますか。

〔　　　　　　　〕

(2) 時速 18 km で走る自転車は，30 km の道のりを何時間何分で走りますか。

〔　　　　　　　〕

4 次の ☐ にあてはまる数を書きなさい。

(1) 分速 1200 m は時速 ☐ km

(2) 秒速 15 m は分速 ☐ m

(3) 時速 108 km は分速 ☐ m

(4) 秒速 60 m は時速 ☐ km

(5) 時速 10.8 km は秒速 ☐ m

(6) 分速 84 m は秒速 ☐ m

5 3.8 km はなれた A 駅と B 駅の間を 3 分 20 秒で走る電車があります。

(1) この電車の速さは，秒速何 m ですか。

〔　　　　　　　〕

(2) この電車が 5.89 km はなれた B 駅と C 駅の間を走るには，何分何秒かかりますか。

〔　　　　　　　〕

確認
しよう
　秒や分の単位は 60 ごとにくり上がります。秒速を分速になおしたり，分速を時速になおしたりする場合に気をつけましょう。秒速×60＝分速，分速×60＝時速 逆に，時速÷60＝分速，分速÷60＝秒速 です。

17 速さ

月　日　答え ➡ 別さつ20ページ

ステップ2

⏱時間30分
👍合格85点

✏得点

点

1 秒速4.5mで，42.3kmの道のりを走るには，何時間何分何秒かかりますか。

（10点）〔愛知教育大附属名古屋中〕

〔　　　　　　〕

2 4時間で15kmを進む速さで歩くと，35kmを歩くのに何時間何分かかりますか。（10点）

〔賢明女子学院中〕

〔　　　　　　〕

3 Aさんは，はじめの3kmは時速4kmで，それ以降は時速3kmで歩き続けます。歩き始めてから2時間後までに何km進みますか。（10点）

〔　　　　　　〕

4 かずおさんは山登りをしました。かた道は3kmで，上りは時速3km，下りは時速5kmでした。かずおさんの平均の速さは時速何kmですか。（10点）

〔　　　　　　〕

5 A地点とB地点は3.8kmはなれています。ある人がこの2つの地点を往復するのに，A地点を出発して最初の35分間は時速4.8kmの速さで歩き，残りは分速75mの速さで歩きます。A地点を午前8時30分に出発すると，A地点にもどるのは何時何分ですか。（10点）

〔同志社女子中〕

〔　　　　　　〕

78

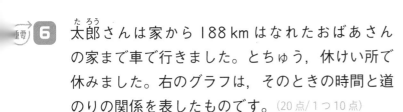

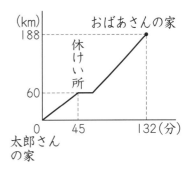

6 太郎さんは家から 188 km はなれたおばあさんの家まで車で行きました。とちゅう, 休けい所で休みました。右のグラフは, そのときの時間と道のりの関係を表したものです。(20点/1つ10点)

〔カリタス女子中〕

(1) 家から休けい所までは時速何 km で走りましたか。

〔　　　　　　　　　〕

(2) 休けい所を出てからは時速 96 km で走りました。休けい所で休んだ時間は何分間ですか。

〔　　　　　　　　　〕

7 兄弟が同じ中学校に通っています。ある日, 兄は 7 時 50 分に学校にとう着する予定で, 時速 8 km で 7 時 35 分に家を出発しました。また, 弟は兄が出発した後に, 時速 10 km で家を出発しました。ところが, 兄はと中でわすれ物をしたことに気づいたので, そこからは時速 12 km で家にもどり, その 5 分後に再び時速 12 km で学校に向かって出発しました。そうすると, 2 人とも 8 時ちょうどに学校にとう着しました。(30点/1つ10点)　〔関西大倉中〕

(1) 家から学校までのきょりは何 km ですか。

〔　　　　　　　　　〕

(2) 弟が家を出発したのは何時何分ですか。

〔　　　　　　　　　〕

(3) 兄が再び家を出発したのは何時何分ですか。

〔　　　　　　　　　〕

旅人算 18

要点のまとめ

❶旅人算

☑速さのことなる2人が出会ったり，一方が他方に追いついたりするときの時間や道のりを求める問題を**旅人算**といいます。

⑦2人が出会う場合

　2人の間の道のり＝2人の速さの和×出会うまでの時間

　出会うまでの時間＝2人の間の道のり÷2人の速さの和

⑦一方が他方に追いつく場合

　2人の間の道のり＝2人の速さの差×追いつくまでの時間

　追いつくまでの時間＝2人の間の道のり÷2人の速さの差

ステップ 1~2

⏱時間35分　✏得点
👍合格80点　　　点

1 周囲が450mの池のまわりを，兄と弟が同じ場所から反対方向へ，同時に出発します。兄は秒速5mで，弟は秒速4mで走ると，2人が出会うのは，出発してから何秒後ですか。(10点)　〔金光学園中〕

池

弟←┼→兄

〔　　　　　〕

2 とおるさんは自分の家から自転車に乗って，時速20kmで花子さんの家へ向かいました。花子さんは自分の家から自転車に乗って，時速30kmでとおるさんの家へ向かいました。2人が同時にそれぞれの家を出発したとき，12分後に出会いました。(20点/1つ10点)　〔武庫川女子大附中〕

(1) とおるさんの家から花子さんの家までの道のりは何kmですか。

〔　　　　　〕

(2) 2人が両方の家の真ん中で出会うためには，花子さんはとおるさんが出発してから何分後に出発すればよいですか。

〔　　　　　〕

3 弟は，家から 3 km はなれた図書館に向かって分速 60 m で歩きます。弟が家を出発して 15 分後に姉が弟のわすれものに気づき，同じ道を分速 180 m で自転車で追いかけました。姉が弟に追いつくのは，姉が出発してから何分何秒後ですか。(10点)

〔愛知教育大附属名古屋中〕

[　　　　　]

4 A市から自転車とバイクで，5 km はなれたB市へ向かいました。右のグラフはそのときの時間と道のりの関係を表したものです。　〔大阪産業大附中〕

(1) 自転車とバイクの速さは，それぞれ時速何 km ですか。(15点)

自転車 [　　　　] バイク [　　　　]

(2) バイクが自転車を追いこしたのはA市から何 km のところですか。(15点)

[　　　　　]

5 家から 1.4 km はなれた学校へ行くのに，妹は分速 50 m，兄は分速 70 m で歩きます。(30点/1つ15点)　　〔賢明女子学院中〕

(1) 兄が 8 時ちょうどに家を出るとすると，妹が兄と同時に学校に着くためには，妹は何時何分に家を出なければなりませんか。

[　　　　　]

(2) 8 時ちょうどに妹が家を出て，5 分おくれて兄が家を出るとき，兄が妹に追いつくのは何時何分何秒ですか。

[　　　　　]

確認しよう　2 人が反対の方向に進む場合は速さの和を使い，2 人が同じ方向に進む場合は速さの差を使って計算します。

19 流水算

要点のまとめ

❶ 流水算

✅船が川を上ったり下ったりするときの，船や川の流れの速さ，きょりや時間などを求める問題を**流水算**といいます。

静水時の船の速さ＝(上りの速さ＋下りの速さ)÷2
⌞ 流れがないところ

川の流れの速さ＝(下りの速さ－上りの速さ)÷2

ステップ1~2

⏰時 間 35分　✏得 点
👍合 格 80点　　　点

1 時速3kmで流れている川があります。この川を船で2時間上ったところ，30km進みました。静水時の船の速さは時速何kmですか。(10点)　〔開明中〕

〔　　　　　　〕

2 静水での速さが時速12kmの船が，32kmの川を下るのに2時間かかりました。この船がこの川を上るのに何時間かかりますか。(10点)

〔　　　　　　〕

3 船が川を往復しています。20kmはなれているA地点とB地点を往復するのに，行きは2時間30分，帰りは1時間40分かかりました。静水での船の速さと，川の流れの速さはともに一定であるとき，川の流れの速さは毎時何kmですか。(10点)　〔関西大中〕

〔　　　　　　〕

4 一定の速さで進む船が 4.8 km の川を往復します。上りに 36 分，下りに 24 分かかりました。川の流れは分速何 m ですか。(10点)

5 右のグラフは，同じ川沿いにある A 町と B 町を往復する船のようすを表したものです。静水での船の速さと，川の流れの速さはそれぞれ一定です。

(45点/1つ15点)〔武庫川女子大附中－改〕

(km)
B町 40
A町
0　　4　　9 (時間)

(1) A 町と B 町ではどちらが川上の町ですか。なぜそういえるのか，理由を書いて答えなさい。

[   ]

(2) この船の静水での速さは，時速何 km ですか。

[   ]

(3) 川の流れの速さは，時速何 km ですか。

[   ]

6 川に沿って 8 km はなれた 2 つの町を往復する船があります。通常，この川を上るのに 2 時間，下るのに 40 分かかります。増水で川の流れの速さが 1.5 倍になったため，通常の 2 倍の速さで川を上りました。このときかかる時間は何分ですか。(15点)

〔西大和学園中〕

[   ]

確認しよう　速さの公式 道のり＝速さ×時間 を基本とします。流水算も速さの発展問題で，和差算の考え方を利用して解きます。

20 通過算

要点のまとめ

❶ 通過算

✅ 列車が通過したり，2つの列車がすれちがったり，その一方が他方を追いこしたりするときの，速さや長さ，時間などを求める問題を通過算といいます。

人や電柱を通過する時間＝列車の長さ÷列車の速さ

鉄橋やトンネルを通過する時間

＝（鉄橋やトンネルの長さ＋列車の長さ）÷列車の速さ

列車がすれちがう時間

＝2つの列車の長さの和÷2つの列車の速さの和

ステップ 1〜2

⏰時 間 35分　👍合 格 80点　✎得 点　　点

1 長さ 100 m の列車が，長さ 368 m の橋をわたり始めてからわたり終わるまでに 78 秒かかりました。この列車の速さは分速何 m ですか。ただし，わたり始めとは，列車の先頭が橋にさしかかること，わたり終わるとは，列車の最後尾が橋を出ることとします。(10点) 〔京都産業大附中－改〕

〔　　　　　　　〕

2 長さ 120 m の電車が時速 72 km で走っているとき，電車がある地点を通過するのには何秒かかりますか。(15点) 〔甲南女子中〕

〔　　　　　　　〕

3 時速 100 km で走る長さ 150 m の電車と，時速 80 km で走る長さ 100 m の電車がすれちがうのに何秒かかるか答えなさい。(15点) 〔関西大北陽中〕

〔　　　　　　　〕

4 長さ 56 m の電車が，分速 840 m で走っています。この電車が，トンネルの中に全部はいっている時間は 10 秒でした。トンネルの長さを求めなさい。

(15 点) 〔滋賀大附中〕

〔   〕

5 ある列車が一定の速さで動いています。この列車が長さ 840 m のトンネルにはいり始めてから完全に出るまでに 30 秒かかり，トンネルの 2 倍の長さの鉄橋をわたり始めてからわたり終わるまでに 51 秒かかりました。この列車の速さは秒速何 m ですか。また，この列車の長さは何 m ですか。

(15 点) 〔近畿大附属和歌山中〕

速さ〔   〕 列車の長さ〔   〕

6 長さ 100 m の電車 A は，トンネル P にはいってからぬけるまでに 50 秒かかります。長さ 80 m の電車 B は，トンネル Q にはいってからぬけるまでに 74 秒かかります。トンネル Q の長さはトンネル P の長さの 2 倍で，電車 A の速さは電車 B の速さの 0.8 倍です。(30 点/1 つ 15 点)　〔大阪星光学院中〕

(1) 電車 A の速さは秒速何 m ですか。

〔   〕

(2) トンネル P の長さは何 m ですか。

〔   〕

確認しよう　通過算は，速さに関する文章題なので，速さの公式 道のり＝速さ×時間 を利用して解きます。

21 時計算

要点のまとめ

❶ 時計算

☑ 長針と短針の進む速さの差をもとにして，2つの針がつくる角度やある角度になる時こくなどを求める問題を**時計算**といいます。時計算は，旅人算の考え方を利用して解きます。

1分間に進む速さ……**長針6°，短針0.5°**

ステップ 1〜2

⏱ 時 間 35分　　🖊 得 点
👍 合 格 80点　　　　　　点

1 時こくが6時20分のとき，時計の長針と短針の間の角度は何度ですか。 (10点)

〔上宮学園中〕

〔　　　　　　　　　〕

2 時こくが8時18分のとき，時計の長針と短針の間の角度は何度ですか。 (10点)

〔　　　　　　　　　〕

3 1時30分のとき，時計の長針と短針がつくる小さいほうの角度は何度ですか。

(10点) 〔関西大倉中〕

〔　　　　　　　　　〕

4 2時14分のとき，時計の長針と短針がつくる小さいほうの角度は何度ですか。

(10点)

〔　　　　　　　　　〕

5 長針と短針が1度重なったあと，もう1度重なるのは何時間何分後ですか。

(10点)

〔　　　　　　　〕

6 午前0時から午後11時59分までに，長針と短針は何回重なりますか。(10点)

〔　　　　　　　〕

7 ある日の午前10時から午前11時までの間で時計の長針と短針が重なるのは何時何分何秒ですか。(10点)　　　　　　　　　　　　　〔関西大中〕

〔　　　　　　　〕

8 4時から5時までの間で，時計の長針と短針が一直線になって反対方向をさすのは，4時何分ですか。(15点)

〔　　　　　　　〕

9 右の図のように，7時の線と短針と長針がつくる角が等しくなるのは，7時何分ですか。(15点)

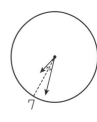

〔　　　　　　　〕

 時計算は，長針と短針の進む速さ（角度）の差を考える問題なので，旅人算の考えを使って解くことができます。

87

1 ある中学校の遠足では，2日間かけて上り道と下り道だけの山道を往復して帰ってきます。1日目にかた道の 20.4 km を歩きました。上りでは平均で時速 2.4 km，下りでは平均で時速 4.8 km の速さで歩いたところ，1日目の行きは5時間30分かかりました。2日目も上りと下りは同じ速さで歩いたとすると，帰りは何時間何分かかりますか。(10点)〔大阪星光学院中〕

〔　　　　　〕

2 Aさんは P 町から Q 町に向かって，BさんとCさんは Q 町から P 町に向かって同時に出発しました。Aさん，Bさん，Cさんの速さはそれぞれ分速 100 m，80 m，70 m です。AさんはBさんと出会ってから2分後にCさんに出会いました。(20点/1つ10点)〔淳心学院中〕

(1) AさんがBさんと出会ったとき，AさんとCさんは何 m はなれていましたか。

〔　　　　　〕

(2) P 町から Q 町までの道のりは何 m ですか。

〔　　　　　〕

3 時計が0時0分を指しています。このとき時計は短針と長針が重なっています。0時0分を針が重なった1回目としたとき，3回目に重なるのは何時何分ですか。ただし，小数第1位を四捨五入して整数で答えなさい。(16点)〔春日部共栄中学校－改〕

〔　　　　　〕

4 川の上流にA地が，下流にB地があります。船PがA地を，船QがB地を同時に出発しました。船Pと船Qは出発してから35分後にはじめてすれちがい，その49分後に船PがB地に着きました。船Pの静水上を進む速さは分速200m，船Qの静水上を進む速さは分速400mです。(30点/1つ10点)

(1) A地からB地までのきょりは何kmですか。

[   ]

(2) この川の流れの速さは分速何mですか。

[   ]

(3) 船Pと船QはB地，A地に着くとすぐに折り返して，それぞれが出発した地点に向かいました。船Pと船Qが2度目にすれちがうのは，A地から何kmのところですか。

[   ]

5 長さ80mの急行列車が，反対方向から来たA列車とすれちがうのに5秒かかり，A列車と同じ速さで長さが2倍のB列車とすれちがうのに，8秒かかりました。(24点/1つ12点)　　　　　　　　　　　　　　　　　　　　　　　〔比治山女子中〕

(1) A列車の長さは何mですか。

[   ]

(2) 急行列車が，A列車と同じ速さで長さが4倍のC列車とすれちがうには，何秒かかりますか。

[   ]

22 合同な図形

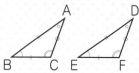

要点のまとめ

❶ 合同な図形

✅ 形も大きさも同じで，ぴったり重ね合わせることができる2つの図形は**合同である**といいます。

✅ 合同な図形では，対応する辺の長さは等しく，対応する角の大きさも等しくなります。

対応する頂点……AとD，BとE，CとF

対応する辺……ABとDE，BCとEF
　　　　　　　CAとFD

対応する角……角Aと角D，角Bと角E
　　　　　　　角Cと角F

ステップ 1

1 下の図のような，図形ア～チがあります。この中で，合同な図形はどれとどれですか。すべて書きだしなさい。

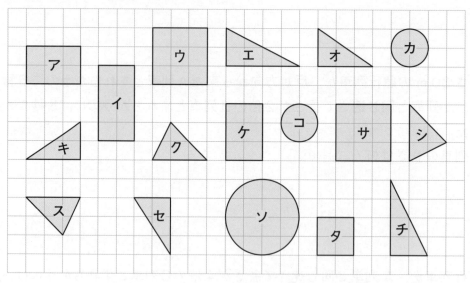

[　　　　　　　　　　　　　　　　　　　　　　　　　　　　　　]

2 次の①，②は，三角形 ABC に合同な三角形です。

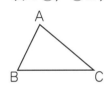 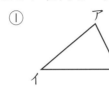 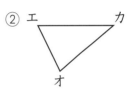

(1) 頂点Aに対応する頂点を，①，②の三角形から見つけなさい。

① [   ]   ② [   ]

(2) 辺 BC に対応する辺を，①，②の三角形から見つけなさい。

① [   ]   ② [   ]

(3) 角Cに対応する角を，①，②の三角形から見つけなさい。

① [   ]   ② [   ]

3 次の三角形と合同な三角形をかきなさい。

(1)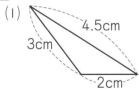

(2)

(3)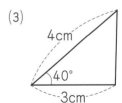

ステップ2

⏱時　間 30分
👍合　格 80点

✏得　点

点

1 次の四角形について，下の問いに答えなさい。(30点/1つ10点)

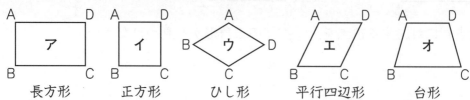

ア 長方形　イ 正方形　ウ ひし形　エ 平行四辺形　オ 台形

(1) AC の対角線で切ったとき，できた2つの三角形が合同になるのは，どの四角形ですか。

〔　　　　　　　　　〕

(2) AC，BD の2本の対角線で切ったとき，できた4つの三角形がみな合同になるのは，どの四角形ですか。

〔　　　　　　　　　〕

(3) **オ**の台形を1本の直線で切って，2つの合同な図形にしようと思います。どのように切ったらいいですか。右の図形に点線をかきこみなさい。ただし，**オ**の辺 AB と辺 DC の長さは等しいものとします。

2 下の図のような四角形 ABCD があります。

(1) どこをはかれば，四角形 ABCD の形がきまりますか(できるだけ少なくはかります)。自分でその場所をはかって，右側に四角形 ABCD と合同な四角形をかきなさい。(8点)

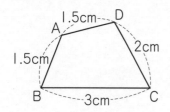

はかる場所〔　　　　　　　　　〕

✏(2) (1)のかき方で，形が決まる理由を書きなさい。(7点)

〔　　　　　　　　　　　　　　　　　　　　　　　　　　　　　〕

3 まさとさんは，次のような三角形をかきました。かいた三角形の中に合同なものがあります。どれとどれですか。(20点)

ア ３つの辺の長さがどれも４cmの三角形

イ ２つの辺の長さが３cmと４cmで，その間の角が直角の三角形

ウ １つの辺の長さが５cmで，その両はしの角が30°と60°の三角形

エ ３つの辺の長さが３cm，４cm，５cmの三角形

オ ２つの辺の長さがどちらも４cmで，その間の角が60°の三角形

カ ２つの辺の長さがどちらも４cmで，その間の角が30°の三角形

キ ２つの辺の長さが４cmと５cmで，その間の角が60°の三角形

〔　　　　　　　　　　　〕

4 次の図形と合同な図形をかこうと思います。はかるところをできるだけ少なくしようと思います。どこをはかればよいですか。(20点／１つ５点)

(1) 円

(2) 正三角形

〔　　　　　　　　　〕　　　〔　　　　　　　　　〕

(3) ひし形

(4) 長方形

〔　　　　　　　　　〕　　　〔　　　　　　　　　〕

5 たてと横の線だけでできた，右の図形を４つの同じ形，同じ大きさの図形に分けるとき，その線を図の中にかきこみなさい。ただし，分けるときに使う線は，たてと横の２方向の線をつなげたものとします。(15点)　　　　　　　〔暁星中〕

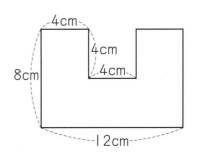

23 円と多角形

要点のまとめ

❶ 円と円周率	☑ どんな大きさの円でも，その円周と直径の長さの割合は同じです。この割合を表す数を**円周率**といい，ふつう3.14を使います。 　　**円周＝直径×円周率　　直径＝円周÷円周率**
❷ 多角形	☑ 直線で囲まれた図形を**多角形**といいます。 ☑ 辺の長さがみな同じ長さで，角の大きさもみな同じ多角形を**正多角形**といいます。 　例 正三角形，正方形，正五角形

ステップ1

1 次の問いに答えなさい。円周率は3.14とします。（これからの問題でも3.14を使います。）

(1) 直径8cmの円の円周は何cmになりますか。

〔　　　　　　　〕

(2) 円周が12.56cmの円の半径は何cmになりますか。

〔　　　　　　　〕

2 直径55cmの車輪があります。

(1) この車輪の円周は何cmですか。

〔　　　　　　　〕

(2) この車輪が10回まわると，何m進みますか。

〔　　　　　　　〕

3 右の半円のまわりの長さを求めなさい。

〔   〕

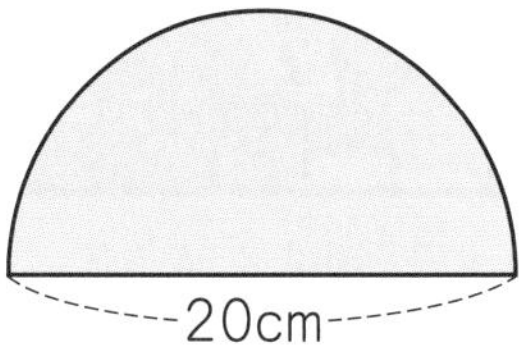

20cm

4 下の円を使って，正五角形と正八角形をかきなさい。ただし，図形の頂点は，円周上にくるようにします。また，分度器を使ってもよいとします。

(1) 正五角形

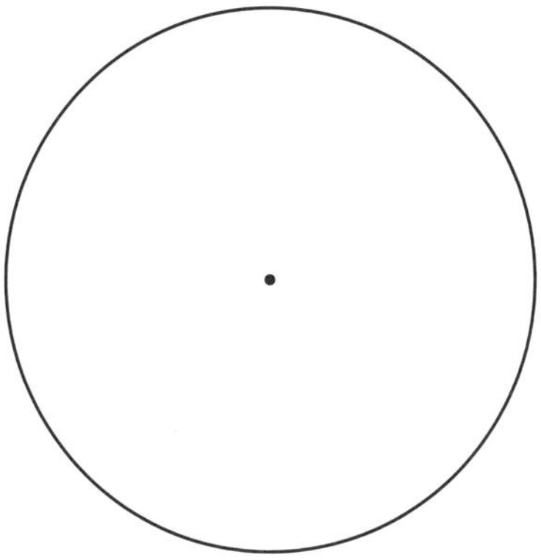

(2) 正八角形

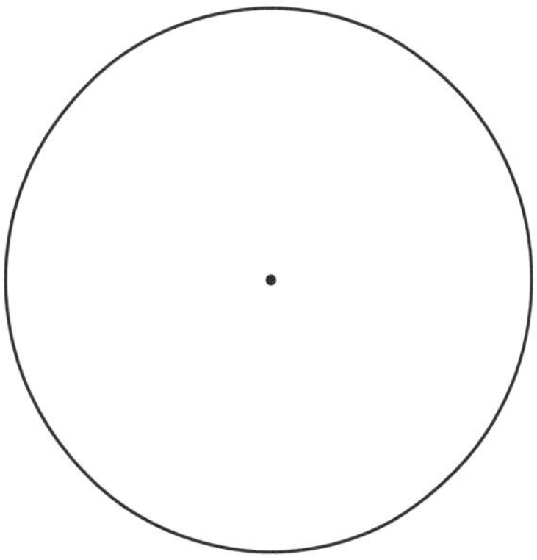

5 右の図は，コンパスを使ってかいた正六角形です。

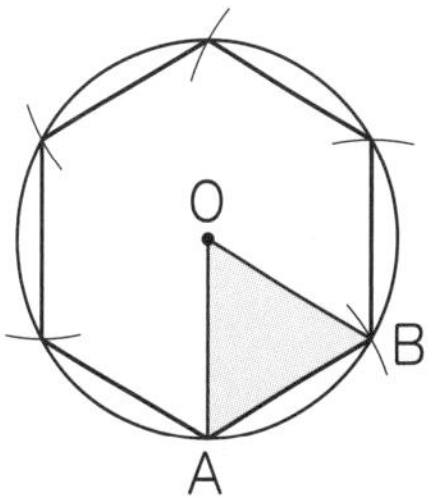

(1) AB の長さは何の長さと同じですか。

〔   〕

O

B

A

(2) 三角形 OAB はどんな三角形ですか。また，その理由を書きなさい。

〔   〕

理由〔   〕

(3) 正六角形には，対角線が何本ひけますか。

〔   〕

確認しよう

円周率は，くわしく求めると，3.141592……と限りなく続くふしぎな数ですが，ふつうは，3.14 を使います。$\frac{22}{7}$ を使うときもあります。

月　日　答え ➡ 別さつ26ページ

ステップ**2**

時　間 30分
合　格 80点

得　点

点

(＊円周率は 3.14 を使いなさい。)

1 右の図のおうぎ形のまわりの長さを求めなさい。(2つ
の半径で区切られた円の一部をおうぎ形といいます。)

(10点)〔金城学院中〕

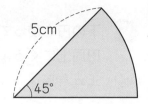

5cm

45°

〔　　　　　　　　〕

2 右の図のように，中心が同じで，半径が1cm ちがう2
つの円があります。(20点/1つ10点)

(1) 小さい円の半径が9cm のとき，2つの円周の長さは何
cm ちがいますか。

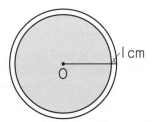

1cm

O

〔　　　　　　　　〕

(2) 小さい円の半径が15cm のとき，2つの円周の長さは何cm ちがいますか。

〔　　　　　　　　〕

3 次の図で，色のついた部分のまわりの長さを求めなさい。
図は，正三角形とおうぎ形でできています。(10点)

〔早稲田中〕

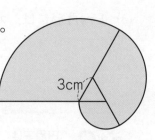

3cm

〔　　　　　　　　〕

4 右の図は AB=4 cm, BC=5 cm, AC=3 cm の直角三角形を, 頂点Cを中心として 180° 回転させた図です。色のついた部分のまわりの長さを求めなさい。

(10点) 〔大阪青凌中-改〕

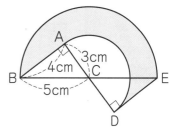

[   ]

5 正八角形について調べます。(20点/ 1 つ 10 点)

(1) 平行な辺の組は, 何組ありますか。

[   ]

(2) 3つの頂点を結んで三角形をつくるとき, 二等辺三角形は何個できますか。

[   ]

6 右の図のように, 正方形, 円, 正六角形があり, 正方形の 1 辺は 2 cm です。(30点/ 1 つ 15 点)

(1) 正六角形のまわりの長さは正方形のまわりの長さより何 cm 短いですか。

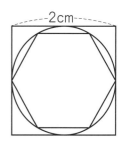

[   ]

(2) 円周の長さは正六角形のまわりの長さより何 cm 長いですか。

[   ]

24 図形の角

要点のまとめ

❶ 三角形の角の和	☑ どの三角形でも，3つの角を合わせると，その合計は180°(2直角)になります。
❷ 四角形の角の和	☑ どの四角形でも，4つの角を合わせると，その合計は360°(4直角)になります。1本の対角線で分けると三角形が2つできるので，この2つの三角形の角の和と考えられます。
❸ 多角形の角の和	☑ 五角形は3つの三角形，六角形は4つの三角形というように，多角形は，**三角形に分けて角の和**を調べることができます。

ステップ 1

1 下の図の，それぞれの三角形の㋐の角の大きさを，計算で求めなさい。

(1)　　　　　　　　　　　(2)　　　　　　　　　　　(3)

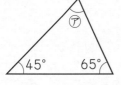　　　　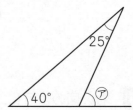

〔　　　　　　　〕　〔　　　　　　　〕　〔　　　　　　　〕

2 下の図の，それぞれの四角形の㋐の角の大きさを，計算で求めなさい。

(1)　　　　　　　　　　　　　　　　(2)

　　　　　　　　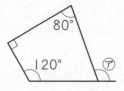

〔　　　　　　　〕　　　　　〔　　　　　　　〕

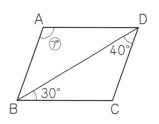

3 右の図は，平行四辺形です。㋐の角の大きさを，計算で求めなさい。

〔　　　　　　　〕

4 次の図の㋐，㋑の角は何度ですか。

(1)
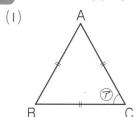

(2)
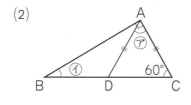

(3)
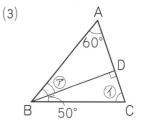

角㋐〔　　　　　〕　　角㋐〔　　　　　〕　　角㋐〔　　　　　〕

　　　　　　　　　　　　角㋑〔　　　　　〕　　角㋑〔　　　　　〕

5 右の図は，1つの辺が重なるように1組の三角定規を重ねたものです。㋐の角度を求めなさい。〔愛知教育大附属名古屋中〕

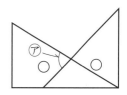

〔　　　　　　　〕

6 右の七角形について，次の問いに答えなさい。

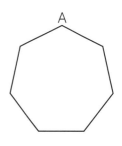

(1) 頂点Aから対角線をひけるだけひきます。七角形は何個の三角形に分けられますか。

〔　　　　　　　〕

(2) 七角形の内角の和は何度ですか。

〔　　　　　　　〕

確認しよう　三角形の内側の3つの角の和は180°であることを利用して，同じ大きさになる角を見つけたり，わかっている角度をつぎつぎに書きこんでいくと，ほかの角度もわかってきます。

ステップ2

重要 **1** 下の図の㋐の角度を求めなさい。(15点/1つ5点)

(1)

84°　135°　㋐

(2)

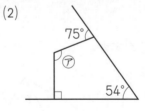

(3)

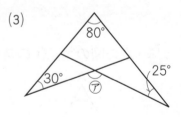

[　　　　　]　　[　　　　　]　　[　　　　　]

2 右の図の ABC は二等辺三角形で，DBCE は平行四辺形です。㋐の角の大きさは何度ですか。(10点)　〔愛知教育大附属名古屋中〕

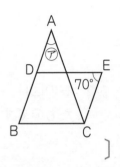

[　　　　　]

3 直角二等辺三角形と3つの角がそれぞれ 30°，60°，90° の三角形を右の図のように置いたとき，㋐の角度を求めなさい。(10点)　〔海城中〕

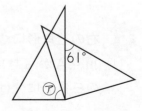

[　　　　　]

4 右の図の角㋐の大きさは何度ですか。ただし，五角形 ABCDE は正五角形です。
(10点)〔桃山学院中〕

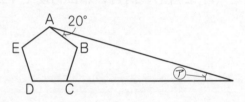

[　　　　　]

5 右の平行四辺形について，⑦〜⑰の角の大きさを求めなさい。(15点/1つ5点) 〔森村学園中〕

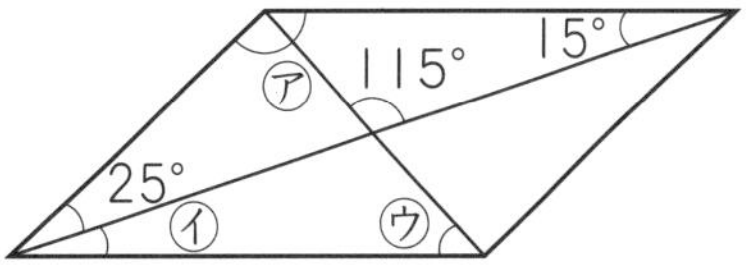

角⑦ [   ] 角① [   ] 角⑦ [   ]

6 右の図で，点Oは円の中心です。(18点/1つ6点) 〔学習院女子中〕

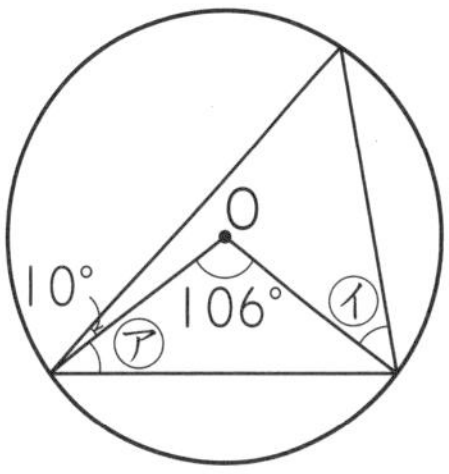

(1) ⑦の角を持つ三角形はどんな三角形ですか。

[   ]

(2) ⑦の角度を求めなさい。

[   ]

(3) ①の角度を求めなさい。

[   ]

7 図で，四角形 ABCD は平行四辺形，三角形 EBC は直角二等辺三角形，三角形 ECD は正三角形です。⑦の角度を求めなさい。(10点) 〔国府台女子学院中〕

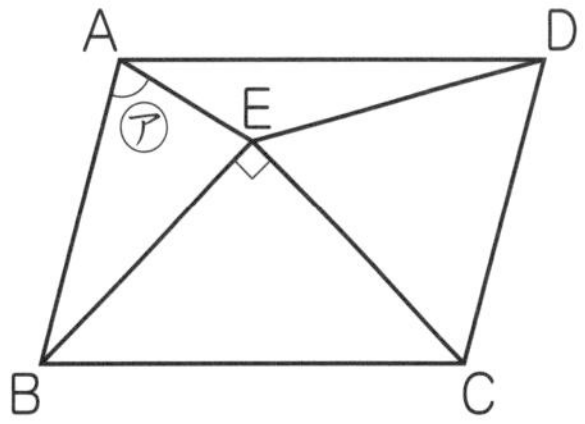

[   ]

8 右の図のように，円を利用して正八角形をかきました。(12点/1つ6点) 〔立教池袋中〕

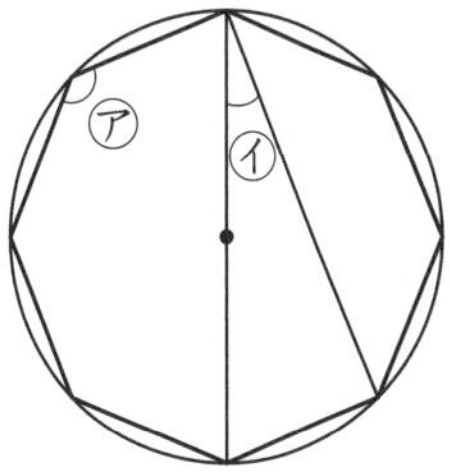

(1) ⑦の角度を求めなさい。

[   ]

(2) ①の角度を求めなさい。

[   ]

25 三角形の面積

要点のまとめ

❶ 三角形の面積　　✓三角形の面積は，次の式で求められます。

三角形の面積＝底辺×高さ÷2

❷ 多角形の面積　　✓対角線をかいて，**いくつかの三角形に分け**，それらの三角形の面積の和を求めます。

ステップ1

重要 **1** 次の三角形の面積を求めなさい。

(1)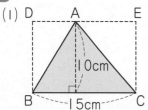

(2)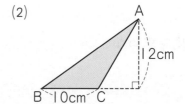

〔　　　　　　〕　　　　　〔　　　　　　〕

(3)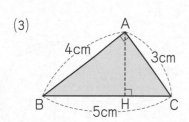

(4)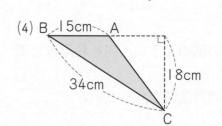

〔　　　　　　〕　　　　　〔　　　　　　〕

2 次の□にあてはまる数を求めなさい。

(1)
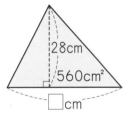

28cm
560cm²
□cm

(2)
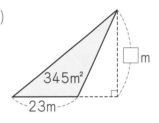

□m
345m²
23m

[　　　　]　　　　[　　　　]

③ 次の多角形の面積を求めなさい。

(1)
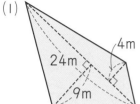

4m
24m
9m

(2)
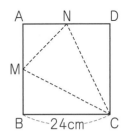

16m
8m
15m
5m
11m

[　　　　]　　　　[　　　　]

4 右の四角形 ABCD は，1 辺が 24 cm の正方形の厚紙で，M，N はそれぞれ AB，AD の真ん中の点です。三角形 CMN の面積を求めなさい。 〔学習院中―改〕

A　　N　　D
M
B　　24cm　　C

[　　　　]

確認しよう　三角形に分けて面積を求める方法は，よく使われます。面積が求めにくい図形は，三角形に分けることを考えます。

ステップ**2**

1 次の図形の面積を求めなさい。(12点/1つ6点)

(1) 色のついた部分

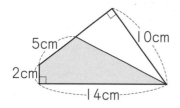

(2) 長方形 ABCD を AC を折り目とし
て折ったときの色のついた部分

〔賢明女子学院中〕

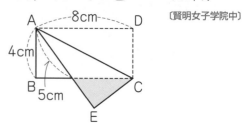

〔　　　　　〕　　　　〔　　　　　〕

2 1辺4cmの2つの正方形が右の図のように重なっていま
す。色のついた部分の面積を求めなさい。(10点)〔比治山女子中〕

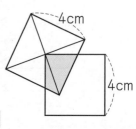

〔　　　　　〕

3 1辺4cmの正方形の各辺と対角線をそれぞれ4等分します。このとき次の色
のついた部分の面積を求めなさい。(18点/1つ6点)

(1)　　　　　　　　　(2)　　　　　　　　　(3)

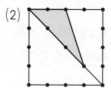　　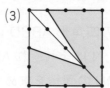

〔　　　　　〕　　〔　　　　　〕　　〔　　　　　〕

4 1辺12cmの正方形の色紙を，図のように折り曲げました。
色のついた部分の面積を求めなさい。(10点)〔ノートルダム女子学院中〕

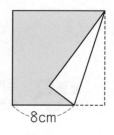

〔　　　　　〕

5 右の図の四角形 ABCD の面積は 60 cm² です。対角線
AC が角 C を 2 等分するとき，色のついた部分の面積は
何 cm² かを答えなさい。(10 点)　　　　　〔西大和学園中〕

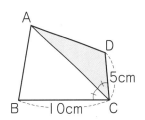

〔　　　　　　　〕

6 右の図の三角形 ABC と三角形 CDE はともに二等辺三
角形です。色のついた部分の面積を求めなさい。

(10 点)〔大阪教育大附属天王寺中〕

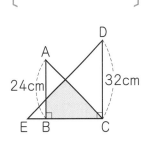

〔　　　　　　　〕

7 右の図のように長方形と正方形が重なっています。
色のついた部分の面積は何 cm² ですか。(10 点)

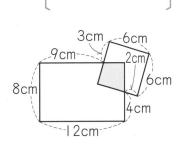

〔　　　　　　　〕

8 下の図の長方形の面積を，点 A を通る 2 本の直線で 3 等分します。その直線を
それぞれ図にかき，そうかいた理由を式とことばで説明しなさい。

(20 点/ 1 つ 10 点)〔広島学院中一改〕

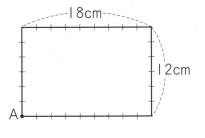

理由

〔　　　　　　　　　　　　　　　　　　　　　　〕

26 四角形の面積

月　日　答え ➡ 別さつ29ページ

要点のまとめ

❶ 四角形の面積を求める公式

☑ 四角形の面積を求める公式をまとめておきます。

長方形の面積＝たて×横

正方形の面積＝1辺×1辺

平行四辺形の面積＝底辺×高さ

ひし形の面積＝対角線×対角線÷2

台形の面積＝（上底＋下底）×高さ÷2

ステップ1

1 次の平行四辺形の面積を求めなさい。

(1)
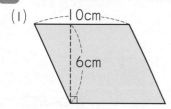

(2)
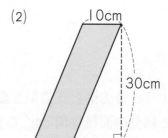

〔　　　　　　〕　　　　〔　　　　　　〕

2 次のひし形の面積を求めなさい。

(1)
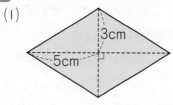

(2)
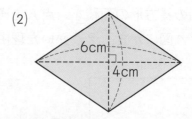

〔　　　　　　〕　　　　〔　　　　　　〕

106

3 次の台形の面積を求めなさい。

(1)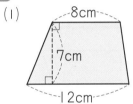

8cm
7cm
12cm

(2)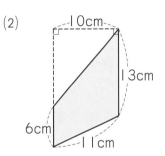

10cm
13cm
6cm
11cm

〔　　　　　　　　〕　　　　　　　〔　　　　　　　　〕

4 右の正方形の面積を求めなさい。

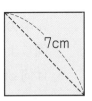

7cm

〔　　　　　　　　〕

5 次の平行四辺形で，□にあてはまる数を求めなさい。

(1)

480cm²
□cm
20cm

(2)

□cm
20cm 700cm²

〔　　　　　　　　〕　　　　　　　〔　　　　　　　　〕

6 右の平行四辺形で，色のついた部分の面積を求めなさい。

〔金城学院中〕

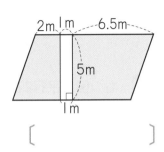

2m 1m 6.5m
5m
1m

〔　　　　　　　　〕

 複雑な図形の面積は，形を分けたり，合わせたりして，三角形や四角形になおして求めるようにします。

月　日　答え ➡ 別さつ29ページ

STEP 2

ステップ2

⏰ 時　間 35分
👍 合　格 80点

✒得 点

点

1 右の図のような長方形の土地の中に，たてと横にはば 2m の道路をつくり，残りの部分を花だんにしました。 花だんの面積は何 m² ですか。(10点)　〔熊本マリスト学園中〕

〔　　　　　　　　　　　〕

2 右の図のように，1辺が4cmの正方形の中に，各辺のまん中の点を結んで正方形をかきます。さらに，その中に，同じようにして正方形をかきます。色のついた部分の面積は何 cm² ですか。(10点)　〔帝塚山学院中〕

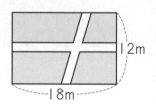

〔　　　　　　　　　　　〕

3 右の図のように，上底が3cm，下底が6cm，高さが5cmの台形と，面積がその台形と同じ平行四辺形があります。この平行四辺形の底辺を5cmとしたときの高さを求めなさい。

(10点) 〔滋賀大附中〕

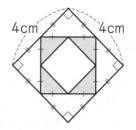

〔　　　　　　　　　　　〕

4 右の図は平行四辺形を2つ重ねたものです。色のついた部分の面積を求めなさい。(10点)

〔金光学園中〕

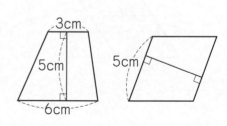

〔　　　　　　　　　　　〕

5 １辺の長さが３cm，高さが 2.5 cm のひし形の紙を，右の図のように，はば１cm ずつ重ねてはり合わせていきます。(30点/１つ15点)

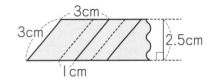

(1) この紙を３まい重ねてはり合わせるとき，できる四角形の面積を求めなさい。

〔　　　　　　〕

(2) この紙を 10 まい重ねてはり合わせるとき，できる四角形の面積を求めなさい。

〔　　　　　　〕

6 右の図のような長方形があります。たての長さが４cm，横の長さが８cm のとき，色のついた部分の面積の合計を求めなさい。(15点)

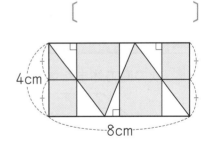

〔　　　　　　〕

7 右の図のように，平行四辺形を４つの三角形に分けました。３つの三角形の面積が４cm²，５cm²，８cm² のとき，残りの色のついた部分の面積を求めなさい。(15点)

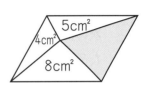

〔東邦大付属東邦中〕

〔　　　　　　〕

27 立体の体積

要点のまとめ

❶ 体 積	直方体の体積=たて×横×高さ 立方体の体積=1辺×1辺×1辺	
❷ 容 積	✅箱のような入れものにはいる量は**容積**といい, 内側(**うちのり**)をはかると,体積を求める公式 で求められます。	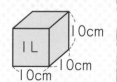
❸ 体積(容積)の 単位	✅右の図のように,立方体を考えます。 　1辺が1cmの立方体 …… 1cm³ 　1辺が10cmの立方体…… 1L 　1辺が1mの立方体 …… 1m³	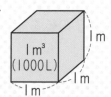

ステップ1

1 次の直方体または立方体の体積を求めなさい。

(1)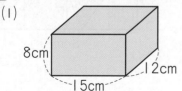

(2)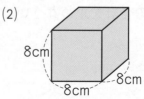

〔　　　　　　　〕　　　　　　　〔　　　　　　　〕

2 次の問いに答えなさい。

(1) たて2.7m, 横3.5m, 高さ5mの直方体の体積は何m³ですか。

〔　　　　　　　〕

(2) 1辺が6mの立方体の体積は何m³ですか。

〔　　　　　　　〕

3 たてが 2 cm, 横が 3 cm, 高さが □ cm の直方体について, 次の問いに答えなさい。

(1) 高さ □ cm が 2 cm, 3 cm, …… のとき, 体積 △ cm³ はそれぞれ何 cm³ になりますか。次の表の空らんをうめなさい。

高さ□ cm	1	2	3	4	5	6
体積△ cm³	6	㋐	㋑	㋒	㋓	㋔

(2) □ と △ の関係を式に書きなさい。

〔   〕

(3) 高さ □ cm が 2 倍, 3 倍, …… になると, 体積 △ cm³ はどのように変わりますか。

〔   〕

重要 4 厚さが 1 cm の板で, 右のような直方体の箱をつくりました。

(1) うちのりはそれぞれいくらですか。

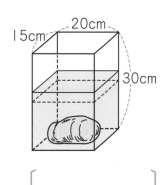

8cm
16cm
12cm

たて 〔   〕 横 〔   〕 深さ 〔   〕

(2) 容積はいくらですか。

〔   〕

重要 5 うちのりのたてが 15 cm, 横が 20 cm, 深さが 30 cm の直方体の入れものがあります。この入れものに 15 cm の深さまで水を入れました。この中に石を入れて深さを調べると, 水の深さが 18 cm になっていました。この石の体積は何 cm³ ですか。

20cm
15cm
30cm

〔   〕

確認しよう

体積・容積の単位の間には, 次のような関係があります。
1 m³＝1000000 cm³, 1 m³＝1000 L
1 L＝1000 cm³, 1 dL＝100 cm³

答え ➡ 別さつ30ページ

月　日

⏰時間35分
👍合格80点

✏得点

点

1 次の◯の中にあてはまる数を書きなさい。(20点/1つ5点)

(1) 2 m³ = [　　　　] cm³

(2) 3 L = [　　　　] cm³

(3) 5700000 cm³ = [　　　　] m³

(4) 4800 cm³ = [　　　　] L

2 たてが8cm, 横が10cm, 高さが6cmの直方体があります。(10点/1つ5点)

(1) この直方体の体積を求めなさい。

〔　　　　　　　〕

(2) たて, 横, 高さが, それぞれもとの2倍になれば, 体積は何倍になりますか。

〔　　　　　　　〕

3 うちのりのたてが12.5cm, 横が10cmで, 容積が1Lになるような直方体の入れものをつくろうと思います。深さを何cmにすればよいですか。(10点)

〔　　　　　　　〕

4 右の図は立体のてん開図です。この立体の体積を求めなさい。(10点)

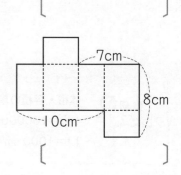

7cm
8cm
10cm

〔　　　　　　　〕

5 次の立体の体積を求めなさい。(20点/1つ10点)

(1)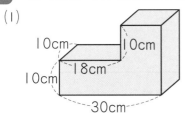

(2)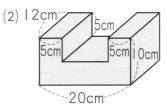

〔   〕   〔   〕

6 下の図のように，たて 20 cm，横 30 cm の長方形の厚紙の4すみを切り落とし，折り曲げて箱をつくります。容積が最も大きくなるのは A，B，C のうちのどれですか。また，その容積は何 cm³ ですか。(10点/1つ5点)

(A)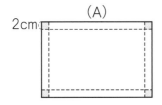

(B)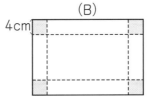

(C)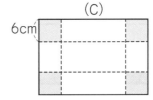

てん開図 〔   〕 容積 〔   〕

7 右の図1は，うちのりがたて 12 cm，横 15 cm，深さ 15 cm の直方体の容器で，この容器には 10 cm の深さまで水がはいっています。この容器に図2のような，底面が1辺 6 cm の正方形で高さが 20 cm の四角柱を，底につくまでまっすぐに入れます。

(20点/1つ10点)〔穎明館中〕

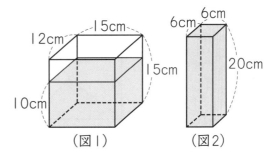

(図1)   (図2)

(1) 容器の水の深さは何 cm になりますか。

〔   〕

(2) (1)のあと，さらに図2と同じ四角柱をもう1本，容器の底につくまでまっすぐに入れると，水は何 cm³ あふれますか。

〔   〕

28 角柱と円柱

要点のまとめ

❶ 角　柱	☑ 底面が多角形で，柱のような形の立体を**角柱**といいます。底面の形によって，三角柱，四角柱などといいます。
❷ 円　柱	☑ 底面が円で，柱のような形の立体を**円柱**といいます。円柱の側面は曲面になり，側面のてん開図は，長方形になります。

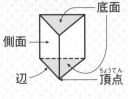

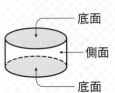

ステップ1

1 次の立体の名まえと，□にあてはまることばを入れなさい。

ア〔　　　　　〕　　　イ〔　　　　　〕

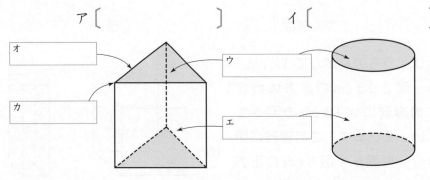

2 右の三角柱について，次の問いに答えなさい。

(1) 面 ABC と平行な面はどれですか。

〔　　　　　　　　　〕

(2) 面 ABED と垂直な面はどれですか。すべて答えなさい。

〔　　　　　　　　　〕

(3) 面 BEFC と平行な辺はどれですか。

〔　　　　　　　　　〕

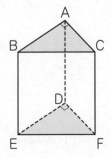

3 次の角柱について，表のあいているところにあてはまる数やことばを書き入れなさい。

	立体の名まえ	頂点の数	辺の数	面の数	底面の形	側面の形
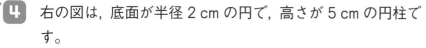	①	②	③	④	⑤	⑥
	⑦	⑧	⑨	⑩	⑪	⑫
	⑬	⑭	⑮	⑯	⑰	⑱

4 右の図は，底面が半径 2 cm の円で，高さが 5 cm の円柱です。

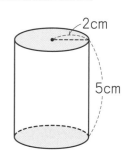

2cm

5cm

(1) 底面に平行な平面で切ったとき，切り口はどんな形になりますか。

[　　　　　　　　　　　　]

✏(2) 円柱の側面のてん開図のたてと横の長さはそれぞれ何 cm ですか。求め方を式とことばで説明して求めなさい。ただし，円周率は 3.14 とします。

[

]

確認
しよう

三角柱や四角柱(直方体)などの角柱では，底面どうしは平行になり，底面と側面は垂直になっています。

STEP 2 ステップ**2**

⏰時　間 30分　✏得　点
👍合　格 80点　　　点

1 下の図は，いろいろな立体を真正面と真上から見たものです。それぞれの立体を何といいますか。(18点/1つ6点)

(1)
（真正面）
（真上）

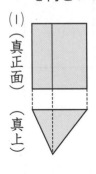

(2)

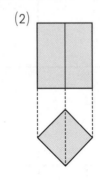

(3)

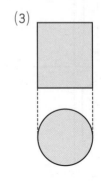

〔　　　　　　〕　〔　　　　　　〕　〔　　　　　　〕

2 右のてん開図を見て，次の問いに答えなさい。
(12点/1つ6点)

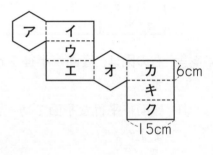

(1) 組み立てると，何という立体ができますか。

〔　　　　　　〕

(2) 組み立てるとき，面**ウ**と平行になる面はどれですか。

〔　　　　　　〕

3 図で，左側のてん開図を組み立てると右側の立体になります。(20点/1つ10点)

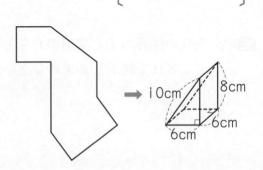

(1) どこに折り目を入れて組み立てたらよいですか。てん開図の中に折り目を点線でかき入れなさい。

(2) 底面のまわりの長さを求めなさい。

〔　　　　　　〕

4 下のような形の厚紙を何まいか使って，三角柱をつくります。どの形の厚紙を何まい使えばよいですか。(10点)

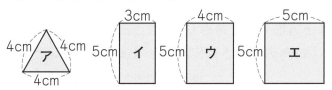

〔　　　　　　　　　　　　　　　〕

重要 5 図で，左側の円柱をてん開すると右側のようになります。円周率は 3.14 とします。

(20点/1つ10点)

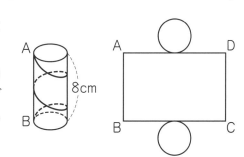

(1) 円柱についている曲線は，てん開図の中ではどのようになりますか。図にかきこみなさい。

(2) AD の長さは 12.56 cm です。このとき底面の半径は何 cm ですか。

〔　　　　　　　　　　　　　　　〕

6 右のような四角柱の箱を，図のようにリボンで結びます。

(20点/1つ10点)

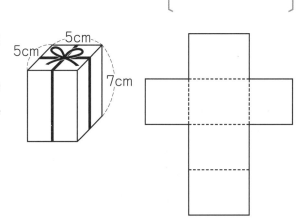

(1) リボンが通るところを，右のてん開図に直線でかき入れなさい。

(2) リボンの結び目の部分を 15 cm とすると，このリボンの長さは 何 cm ですか。

〔　　　　　　　　　　　　　　　〕

1 右の図の四角形 ABCD は正方形で，三角形 BCE は正三角形です。このとき，㋐，㋑の角の大きさは何度になりますか。(16点/1つ8点)　〔明治大付属中野中－改〕

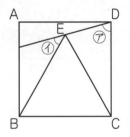

角㋐〔　　　　　　　〕　角㋑〔　　　　　　　〕

2 長方形を，右の図のように折りました。㋐の角の大きさは何度ですか。(16点)　〔帝塚山学院中〕

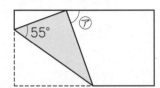

〔　　　　　　　〕

3 右の図の，正六角形の中にある色のついた部分の面積は123 cm² です。この正六角形の面積を求めなさい。(16点)

〔ノートルダム清心中〕

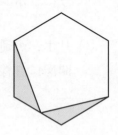

〔　　　　　　　〕

4 次の図の色のついた部分の面積を求めなさい。(20点/1つ10点)　　　〔賢明女子学院中〕

(1)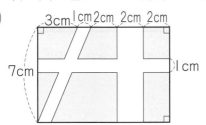

(2)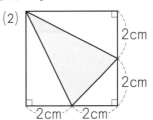

〔　　　　　　　　〕　　　　〔　　　　　　　　〕

5 右の図は，直方体から三角柱を切り取った残り
の立体のてん開図です。(16点/1つ8点)

〔福岡教育大附中－改〕

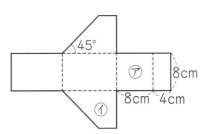

(1) この立体の体積を求めなさい。

〔　　　　　　　　〕

(2) このてん開図を組み立てたとき，面⑦と平行になる辺は，全部で何本あります
か。

〔　　　　　　　　〕

6 図の容器は，となり合った面どうしがすべて
垂直な容器です。この容器に8Lの水を入
れるとき，水の深さは容器の底から何cmに
なりますか。四捨五入して，小数第1位まで
のがい数で答えなさい。(16点)　　〔金城学院中〕

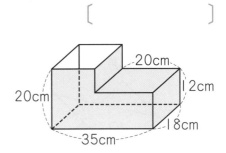

〔　　　　　　　　〕

総復習テスト①

1 次の計算をしなさい。((2)は，商を小数第2位まで求め，余りも出しなさい。)

(20点/1つ5点)

(1) $(2.4 \times 1.5) \div (0.5 \times 1.8)$

(2) $3.24 \div 7.9$

(3) $\dfrac{2}{3} + 2\dfrac{1}{4} - \dfrac{5}{6}$

(4) $2\dfrac{3}{5} - 1\dfrac{2}{3} + 3\dfrac{1}{2}$

2 たて 48 cm，横 36 cm，高さ 30 cm の直方体の容器があります。(10点/1つ5点)

〔立教池袋中〕

(1) この容器になるべく大きな同じ大きさの立方体をすき間なくつめるとき，1辺が何 cm の立方体が何個必要ですか。

〔　　　　　　　　　〕

(2) この容器を向きを変えずに積み上げて立方体をつくるとき，容器は少なくとも何個必要ですか。

〔　　　　　　　　　〕

3 次の図で，角⑦の大きさを求めなさい。(24点/1つ8点)

(1) 1組の三角定規

(2) 正方形 ABCD

(3)

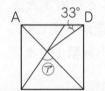

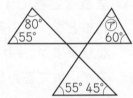

〔　　　　〕　〔　　　　〕　〔　　　　〕

4 右の図のように，半径 7 cm のあきかんをロープでたるまないようにしばります。あきかんをしばるのに必要なロープの長さは何 cm ですか。ただし，ロープの結び目は考えないものとし，円周率（えんしゅうりつ）は $\frac{22}{7}$ として計算しなさい。(8点)

〔京都女子中〕

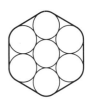

〔　　　　　　　　〕

5 次の立体の体積を求めなさい。(16点/1つ8点)

(1)

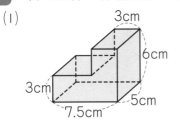

(2)

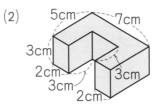

〔　　　　　　　　〕　　　　　〔　　　　　　　　〕

6 川の下流にA地，上流にB地があります。A地からB地までボートで上るのに50分かかり，B地からA地まで下るのに30分かかります。静水時でのボートの速さを毎時20kmとすると，川の流れの速さは毎時何kmですか。(10点)

〔国府台女子学院中〕

〔　　　　　　　　〕

7 ある小学校のクラブ別人数を調べて右のような表にしました。全員で400人で，運動クラブの人数は全体の60%です。

〔大阪青凌中〕

クラブ名		人数
運動クラブ	ソフトボール	74
	バレーボール	①
	バスケットボール	50
	卓　球	36
文化クラブ	読　書	②
	音　楽	44
	手　芸	60

(1) ①と②を求めなさい。(6点/1つ3点)

①〔　　　　　〕 ②〔　　　　　〕

(2) 音楽クラブの人数は全体の何%ですか。

(3点)

〔　　　　　　　　〕

(3) この表を円グラフにするとき，バレーボールクラブの人数を表す部分の中心角の大きさを求めなさい。(3点)

〔　　　　　　　　〕

121

総復習テスト②

1 次の□にあてはまる数を求めなさい。(20点/1つ5点)

(1) □ m の 7% は 14 m です。
〔大阪信愛女学院中〕

(2) □人の 24% は 216 人です。
〔追手門学院大手前中〕

〔　　　　　〕 〔　　　　　〕

(3) 2 m² の 1.5% は □ cm² です。
〔柳学園中〕

(4) 1200 円の 5% は，□ 円の 3% と同じ金額です。
〔香川大附属高松中〕

〔　　　　　〕 〔　　　　　〕

2 次の□にあてはまる数を求めなさい。(16点/1つ8点)
〔京都教育大附属京都中〕

(1) 108 の約数のうち，2 の倍数でない数は□個あります。

〔　　　　　〕

(2) 3けたの数で，35 でわると 25 余る数は□個あります。

〔　　　　　〕

3 分数 $\dfrac{22}{□}$ は，$\dfrac{7}{8}$ より大きく $\dfrac{8}{9}$ より小さい。□に整数を入れなさい。(8点)
〔白陵中〕

〔　　　　　〕

4 ある品物を 8000 円で仕入れて，仕入れたねだんの 25% のもうけをくわえて定価をつけました。しかし，売れなかったので定価の 15% 引きのねだんで売ることにしました。何円で売りましたか。ただし，消費税は考えないものとします。(10点)
〔大阪教育大附属天王寺中〕

〔　　　　　〕

5 右の図は長方形の紙を半分に折ってから開いたものです。長方形の4つの頂点をそれぞれア，イ，ウ，エとし，折り目の両はしの点をそれぞれオ，カとします。(16点/1つ8点)

〔広島大附中〕

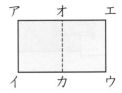

(1) イウの長さとイオの長さが等しいとき，3つの点イ，ウ，オを頂点とする三角形は何という三角形か答えなさい。

〔　　　　　　　　　〕

(2) 辺アイの長さは5cmで，直線イオとウオが垂直であるとき，3つの点イ，ウ，オを頂点とする三角形の面積を求めなさい。

〔　　　　　　　　　〕

6 右の図のような，直方体を組み合わせた形の立体があります。この立体の体積が2000cm³であるとき，⑦の長さは何cmですか。(10点)

〔帝塚山学院泉ヶ丘中〕

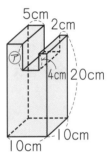

〔　　　　　　　　　〕

7 右のグラフはある年の奈良市の降水量を月別にまとめたものです。答えが小数になる場合は小数第1位を四捨五入しなさい。

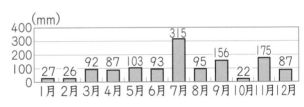

(20点/1つ10点)〔奈良教育大附中〕

(1) 1月から10月までの降水量の平均を求めると101.6mmでした。この年の降水量の平均を求めなさい。

〔　　　　　　　　　〕

(2) (1)で求めたこの年の降水量の平均よりも大きい値を示す月の数は，全体の何%になるかを求めなさい。

〔　　　　　　　　　〕

総復習テスト③

⏰時間 35分　✏得点
👍合格 80点　　　点

1 次の□にあてはまる数を求めなさい。(16点/1つ4点)

(1) 分速120mは時速□kmです。
〔プール学院中〕

(2) 100mを12秒で走る速さは，時速□kmです。
〔近畿大附中〕

〔　　　　　〕　　　　〔　　　　　〕

(3) 時速72kmで2時間15分走り続けると□km進みます。
〔大谷中(大阪)〕

(4) 6.3kmの道のりを分速60mで歩くと，□時間□分かかります。
〔佼成学園中〕

〔　　　　　〕　　　　〔　　　　　〕

2 160gで500円のクッキーがあります。このクッキーを200g買うときの代金を答えなさい。(8点)
〔関西創価中〕

〔　　　　　〕

3 男子15人と女子25人の計40人のあるクラスで算数のテストを行ったところ，女子の平均点は69点で，男女あわせた合計点は2670点でした。男子の平均点は何点ですか。(8点)
〔熊本マリスト学園中〕

〔　　　　　〕

4 次の図の㋐，㋑の角の大きさを求めなさい。(20点/1つ5点)

(1) 正五角形に対角線をひく。

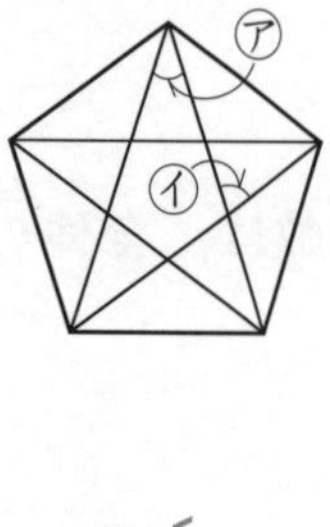

(2) 長方形を折り曲げる。

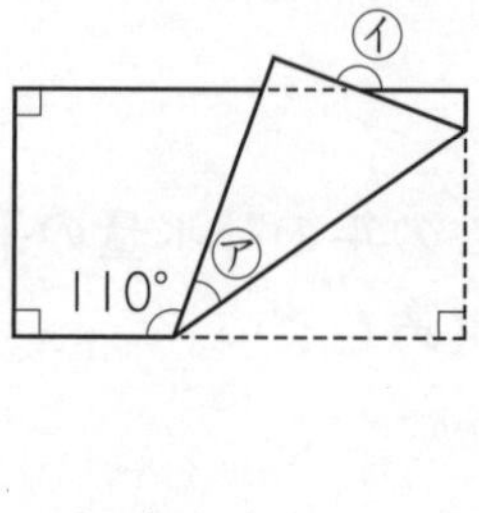

㋐〔　　　　〕　㋑〔　　　　〕　　㋐〔　　　　〕　㋑〔　　　　〕

5 図のような四角形 ABCD があります。色のついた部分の面積を求めなさい。(8点)　〔関西学院中〕

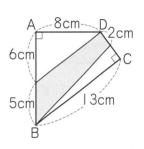

[　　　　　　　　]

6 右の図の立体は，1辺の長さが 10 cm の立方体から 1辺の長さが 5 cm の立方体を切りとったものです。この立体の体積を求めなさい。(10点)　〔土佐女子中〕

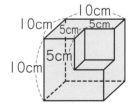

[　　　　　　　　]

7 池のまわりに 1周 900 m の道があります。この道を A 君，B 君，C 君の 3 人が一定の速さで同じ地点から走ります。A 君と B 君は同じ向きに，C 君は 2 人とは反対の向きに走ります。A 君は分速 240 m の速さで走り，A 君は B 君に 9分ごとに追いこされ，B 君と C 君は 1分 48秒ごとにすれちがいます。

(20点/1つ10点)　〔甲南中〕

(1) B 君の速さを求めなさい。

[　　　　　　　　]

(2) A 君と C 君は何分何秒ごとにすれちがいますか。

[　　　　　　　　]

8 図のように時計の短針は長針よりも 50° 進んでいます。ただし，長針は長針の 5 分刻みのある目もりをちょうど指しています。時こくは何時何分ですか。(10点)　〔開明中〕

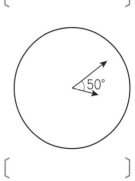

[　　　　　　　　]

総復習テスト④

⏱時　間 45分
👍合　格 80点
✍得　点
点

1 次の計算をしなさい。(16点/1つ4点)

(1) $3.5 \times 1.3 - 2.4 + 1.2 \times 5$

(2) $14.4 \div (9.1 \times 12 - 3.1 \times 12)$

(3) $1 - \dfrac{1}{2} + \dfrac{1}{4} - \dfrac{1}{8} + \dfrac{1}{16}$

(4) $\dfrac{1}{1 \times 2} + \dfrac{1}{2 \times 3} + \dfrac{1}{3 \times 4} + \dfrac{1}{4}$

2 122 をわっても 86 をわっても, 余りが 14 になる整数のうち, 最も小さい数を求めなさい。(6点)

〔広島学院中〕

〔　　　　　〕

3 次の問いに答えなさい。(12点/1つ6点)　〔開明中〕

(1) 容器に 10% の食塩水 250 g がはいっています。ここから何 g かの食塩水をくみ出して, 同じ量の水を入れることにより, 6% の食塩水 250 g をつくります。何 g くみ出せばよいですか。

〔　　　　　〕

(2) ある品物に仕入れねの 35% の利益を見こんで定価をつけました。売れゆきが悪いので, 定価の 2 割引きで売ると, 品物 1 個あたりの利益は 32 円となりました。この品物の仕入れねは何円ですか。

〔　　　　　〕

4 家から駅まで分速 45 m の速さで歩くと予定の時こくより 6 分おくれて着き, 分速 63 m の速さで歩くと予定の時こくより 2 分早く着きます。家から駅までのきょりは何 m ですか。(6点)

〔関西大中〕

〔　　　　　〕

5 次の問いに答えなさい。(18点/1つ6点)

(1) 右の図は正八角形，正方形，正三角形を組み合わせた図形です。角㋐の大きさは何度ですか。　〔香蘭女学校中〕

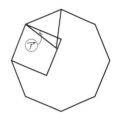

[　　　　　　　　]

(2) 右の図のように，平行四辺形 ABCD の中に，点 P をとるとき，色のついた部分の面積を求めなさい。　〔大阪教育大附属平野中〕

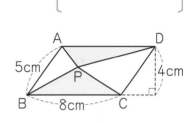

[　　　　　　　　]

(3) 右の図のてん開図の面積が 180 cm² であるとき，これを組み立ててできる直方体の体積は何 cm³ ですか。

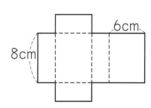

[　　　　　　　　]

6 空の水そうに，ポンプ A，B で満水になるまで水を入れます。A だけだと 20 分かかり，B だけだと 30 分かかります。A と B の 2 つのポンプで水を入れ始めましたが，とちゅうで A が止まってしまいました。残りを B だけで入れたところ最初に水を入れ始めてから満水になるまで 24 分かかりました。A が止まったのは水を入れ始めてから何分後ですか。(6点)　〔國学院大學久我山中〕

[　　　　　　　　]

7 りんご 2 個とみかん 6 個のねだん，りんご 4 個とみかん 3 個のねだんはどちらも 720 円です。りんご 1 個のねだんを求めなさい。(6点)

〔　　　　　　　　〕

8 A 君と B 君はお金を何円かずつ持っています。A 君はそのお金の $\frac{1}{2}$ を B 君にあげました。次に B 君は持っているお金の $\frac{1}{4}$ を A 君にあげました。その次にA 君は，そのとき持っていたお金の $\frac{1}{2}$ を B 君にあげました。すると 2 人が持っているお金は A 君は 550 円，B 君は 1600 円になりました。(12点/1つ6点)

〔江戸川学園取手中〕

(1) 最初に A 君が B 君にあげたお金はいくらですか。

〔　　　　　　　　〕

(2) はじめに A 君と B 君の持っていたお金を答えなさい。

A 〔　　　　　　　〕　B 〔　　　　　　　〕

9 時速 72 km で走っている上り電車と，時速 108 km で走っている下り電車があり，上り電車は A 地点を 9 秒間で通過します。
また，上り電車と下り電車が出会ってから，完全にはなれるまでに 8 秒間かかります。(18点/1つ6点)　　　　　　　　　　　　　　　　〔明星中（大阪）〕

(1) 上り電車の長さは何 m ですか。

〔　　　　　　　　〕

(2) 下り電車の長さは何 m ですか。

〔　　　　　　　　〕

(3) 上り電車が A 地点にさしかかってから通過し終わる前に，下り電車が A 地点にさしかかりました。A 地点の前を電車が通過している時間は 16 秒間でした。下り電車が A 地点にさしかかったのは，上り電車が A 地点にさしかかってから何秒後でしたか。

〔　　　　　　　　〕

答　え

小5 標準問題集
算　数

4年の復習①　2〜3ページ

1 (1)1兆8000億　(2)4500億
2 (1)165　(2)424余り2　(3)8余り5
　(4)5余り16　(5)71余り38
　(6)304余り22
3 (1)117000　(2)2900　(3)80000　(4)3
4 (1)25　(2)49　(3)451　(4)3　(5)80
　(6)345
5 (1)66.9　(2)60.02　(3)43.4　(4)4.19
　(5)9.05　(6)1.12
6 (1)4810　(2)73.92　(3)96.6　(4)0.056
　(5)2.28　(6)4.3余り1.1
7 (1)$1\frac{1}{7}$　(2)6　(3)$\frac{5}{9}$　(4)$2\frac{7}{8}$　(5)$3\frac{4}{5}$
　(6)$4\frac{5}{9}$

解き方
1 (1)1800億×10=18000億
　　=1兆8000億
　(2)45兆÷100=0.45兆=4500億
3 (1)2つの数を百の位で四捨五入して,
　　66000+51000=117000
　(2)十の位で四捨五入して,
　　8700−5800=2900
　(3)2つの数を上から1けたの概数にして,
　　400×200=80000
　(4)900÷300=3
7 (4)$1\frac{5}{8}+3\frac{3}{8}-2\frac{1}{8}=4\frac{8}{8}-2\frac{1}{8}$
　　$=(4-2)+\left(\frac{8}{8}-\frac{1}{8}\right)=2+\frac{7}{8}=2\frac{7}{8}$

4年の復習②　4〜5ページ

1 (1)㋐12　㋑15　㋒18　㋓21　㋔24
　(2)36個
　(3)16番目

2 (1)㋐220　㋑280　㋒340　㋓400
　㋔460
　(2)700円
　(3)8本
3 (1)8月　(2)3月と4月の間
4 (1)39人　(2)15人　(3)5人
5 (1)月曜日の5学年　(2)(3)下の表

	月	火	水	木	金	合計
1	5	3	6	4	10	28
2	4	4	5	3	6	22
3	7	0	3	1	4	15
4	3	1	1	2	3	10
5	12	8	2	7	2	31
6	6	7	3	4	8	28
合計	37	23	20	21	33	㋐134

　(4)月曜日から金曜日までの学校全体の欠席
　者の総数, 134
6 (1)右のグラフ
　(2)5・6月と
　　7・8月の間
　(3)20 m³

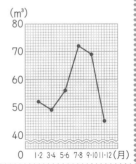

解き方
1 (2)12×3=36 (個)
　(3)48÷3=16 (番目)
2 (2)100+60×10=700 (円)
　(3)(580−100)÷60=480÷60=8 (本)
6 (3)69−49=20 (m³)

4年の復習③　6〜7ページ

1 (1)ア10　イ8　ウ130　エ50　オ130
　(2)ア7　イ14　ウ135　エ135　オ45
2 (1)長方形　(2)ひし形　(3)平行四辺形

ひっぱると、はずして使えます。

1

③ (1)辺 EF，辺 HG，辺 DC
(2)辺 BF，辺 FG，辺 GC，辺 CB
(3)辺 BF，辺 CG，辺 EF，辺 HG
(4)面 ABFE，面 AEHD，面 CGHD，
面 BFGC

④ (1)135° (2)48° (3)80°

⑤ (1)15° (2)15° (3)⑦75° ⑦135°

⑥ (1)256 cm² (2)4.48 a (3)0.29 m²

⑦ 126 m²

解き方

④ (2)180°−(42°+90°)=48°
(3)130°−50°=80°

⑤ (1)角⑦=45°−30°=15°
(2)角⑦=60°−45°=15°
(3)角⑦=45°+30°=75°
角⑦=45°+90°=135°

⑥ (1)16×20−8×(20−12)=320−64
=256 (cm²)
(2)8×16+8×8+8×(8+24)=448 (m²)
1 a=100 m² より，448 m²=4.48 a
(3)0.5×(0.4+0.3)−0.2×0.3=0.29 (m²)

⑦ (10−1)×(15−1)=9×14=126 (m²)

4年の復習④　8～9ページ

① 24 ページ
② 3.6 L
③ 0.8 m
④ $\dfrac{4}{9}$
⑤ 7個
⑥ 45個
⑦ 39きゃく
⑧ 4年後
⑨ 100 m
⑩ 9個

解き方

① (160+224)÷16=384÷16=24 (ページ)
② 0.25×6+0.35×6=1.5+2.1=3.6 (L)
③ 5−1.4×3=5−4.2=0.8 (m)
④ $1-\left(\dfrac{1}{9}+\dfrac{4}{9}\right)=\dfrac{9}{9}-\dfrac{5}{9}=\dfrac{4}{9}$

---

⑤ 全部 200 円のおかしを買ったとしたら，
200×18=3600 (円)
100 円のおかしにかえると，
200−100=100 (円) ずつ減るので，100 円
のおかしは，(3600−2900)÷100=7 (個)

⑥ 1 人に配るあめを 5−3=2 (個) 増やすと，必要
なあめは 15+5=20 (個) 増えるから，子ども
の人数は，20÷2=10 (人)
よって，あめの個数は，3×10+15=45 (個)

⑦ 1きゃくの長いすにすわる人を 5−4=1 (人)
増やすと，新しくすわれるようになる人は，
12+5×5+(5−3)=39 (人)
よって，長いすの数は，39÷1=39 (きゃく)

⑧ 父の年れいが太郎の 4 倍になるとき，2 人の年
れいの差 44−8=36 (才) が太郎の年れいの 3
倍に等しくなるから，そのときの太郎の年れい
は，36÷3=12 (才)
よって，12−8=4 (年後)

⑨ 5×20=100 (m)

⑩ 正三角形を1個増やすと，周の長さは
(7−2)×3=15 (cm) 長くなるから，三角形の
個数を□とすると，
7×3+15×(□−1)=141
15×(□−1)=120
□−1=8
□=9

---

1 約数

ステップ1　10～11ページ

① (1)1, 2, 4
(2)1, 2, 3, 6
(3)1, 3, 5, 15
(4)1, 2, 4, 5, 10, 20

② (1)1, 2, 3, 4, 6, 8, 12, 24
(2)1, 2, 3, 4, 6, 9, 12, 18, 36
(3)1, 2, 3, 4, 6, 12
(4)12

③ (1)2, 4, 8 (2)1, 3, 7

④ (1)2, 3, 5, 7, 11, 13, 17, 19, 23, 29
(2)53

⑤ (1)6 人 (2)13 まい

1 約数は，すべて２つの数の組になっています。１から順に考えていきます。
　(3) 1×15，3×5
　(4) 1×20，2×10，4×5

2 (3)の公約数は，(1)，(2)の 24 の約数と 36 の約数の中から，どちらの約数にもなっている数を見つけます。
　最大公約数の見つけ方には，公約数の積として求める，次のような方法もあります。

$$2\,)\underline{\ 24\quad 36\ }$$
$$2\,)\underline{\ 12\quad 18\ }\quad 2×2×3=12…最大公約数$$
$$3\,)\underline{\ \ 6\quad\ \ 9\ }$$
$$\quad\quad\ 2\quad\ \ 3$$

> **ここに注意** ２つの数の公約数は，最大公約数の約数になります。

3 (1) 16 をわって，わり切れる数を見つけます。
　16÷2=8，16÷4=4，16÷5=3 余り 1，
　16÷6=2 余り 4，16÷8=2，
　16÷12=1 余り 4

4 (2) 51 は 3 で，52 は 2 でわり切れますが，53 は 1 と 53 以外のどの整数でもわり切れないから，50 より大きい数の中で最も小さい素数は 53。

5 (1) 42 と 36 の最大公約数は 6 だから，6 人。
　(2) 42÷6+36÷6=7+6=13（まい）

　このうち，35 の約数は，1，7 だから，14 と 35 の最大公約数は 7
　(3) 12 の約数は，1，2，3，4，6，12
　このうち，30 の約数は，1，2，3，6
　このうち，36 の約数は，1，2，3，6
　よって，12，30，36 の最大公約数は，6

> **ここに注意** 最大公約数が(1)のようにどちらか一方の数になっている場合もあります。また，３つの数の場合も，３つの数がわり切れる数が公約数であり，その中で，いちばん大きい数が最大公約数です。

3 42=2×3×7 より，２数の積が 42 になるのは，1 と 42，2 と 3×7，2×3 と 7，2×7 と 3
　このうち，和が 17 になるのは，14 と 3 のみ。

4
$$2\,)\underline{\ 252\ }$$
$$2\,)\underline{\ 126\ }$$
$$3\,)\underline{\ \ 63\ }$$
$$3\,)\underline{\ \ 21\ }$$
$$\quad\quad\ 7$$

5 100−4=96 の約数で 4 より大きいものは，6，8，12，16，24，32，48，96 の 8 個。

6 105−15=90，141−15=126 の公約数で 15 より大きいものは，18

7 (1) 正方形の 1 辺ができるだけ長くなればよいので，48 と 72 の最大公約数を求めると，24
　(2) (48÷24)×(72÷24)=2×3=6（まい）

---

1 12，168
2 (1) 18　(2) 7　(3) 6　(4) 13
3 ア 3　イ 14 （ア 14　イ 3 でもよいです。）
4 252=2×2×2×3×3×7
5 8 個
6 18
7 (1) 24 cm　(2) 6 まい
8 （例）135=1×135=3×45=5×27=9×15 より，かけ合わせて 135 になる 135 の約数 2 つの組が 4 組できるから。

1 60 の約数は，1，2，3，4，5，6，10，12，15，20，30，60 の 12 個で，それらの和は，
　1+2+3+4+5+6+10+12+15+20+30+60=168

2 (2) 14 の約数は，1，2，7，14

---

2 倍　数

1 (1) 4，8，12，16，20，24，28，32，36，40
　(2) 5，10，15，20，25，30，35，40
　(3) 7，14，21，28，35
　(4) 11，22，33

2 (1) 6，12，18，24，30，36，42，48
　(2) 8，16，24，32，40，48
　(3) 24，48
　(4) 24

3 (1) 5，20，50，60，105
　(2) 9，18，54，63，72，126
　(3) 12，24，60，72，84，96
　(4) 28，42，84，126

4 (1)14個 (2)8個

5 (1)40 cm

(2)クッキー8個 せんべい5個

🔎解き方

1 □の倍数は，□×整数 で求めます。

(3)40までの7の倍数は，7×1=7，7×2=14，
7×3=21，7×4=28，7×5=35
(7×6=42 は 40 より大きくなります。)

(4)40までの11の倍数は，11×1=11，
11×2=22，11×3=33

2 (3)の公倍数は，(1)，(2)の6の倍数と8の倍数の中から，どちらの倍数にもなっている数を見つけます。

(4)最小公倍数の見つけ方には，公約数と商の積として求める，次のような方法もあります。

$\begin{array}{r}2\,)\underline{6\quad 8}\\ 3\quad 4\end{array}$　2×3×4=24 …最小公倍数

┌─────────────────────────┐
│ **ここに注意** 2つの数のすべての公倍数は，最小公倍数の倍数になります。
└─────────────────────────┘

3 (1)5でわって，わり切れる数を見つけます。

4 (1)100÷7=14余り2 より，14個。

(2)3と4の最小公倍数は12
12の倍数は，100÷12=8余り4 より，8個。

┌─────────────────────────┐
│ **ここに注意** (1)7の倍数は，7×(整数) だから，7×1，7×2，7×3，…，7×14=98 となるので，全部で14個ある。
このとき，100÷7=14 余り2
よって，計算で14個を求めることができる。
(3)3と4の公倍数は，3と4の最小公倍数12の倍数になっています。
└─────────────────────────┘

ステップ2　　　　　　16〜17ページ

1 (1)48 (2)90 (3)12

2 (1)0，2，4，6，8 (2)1，4，7
(3)0，4，8 (4)0，5 (5)4 (6)7

3 ふくろA 333まい　ふくろB 500まい
ふくろC 167まい

4 60 cm

5 3

6 (1)2人 (2)4人 (3)65本

7 (1)午前7時30分 (2)7回

🔎解き方

1 (2)45の倍数は，45，90，…
このうち，最小の30の倍数は，90

よって，30と45の最小公倍数は，90

(3)4の倍数は，4，8，12，…
このうち，3の倍数は，12，…
このうち，最小の2の倍数は，12
よって，2，3，4の最小公倍数は，12

┌─────────────────────────┐
│ **ここに注意** 最小公倍数が(1)のようにどちらか一方の数になっている場合もあります。また，3つの数の場合も，3つの数でわり切れる数が公倍数であり，その中で，いちばん小さい数が最小公倍数です。
└─────────────────────────┘

2 (1)すべての整数は，下1けたが0，2，4，6，8 のとき，2の倍数になります。

(2)各けたの数字の和が3の倍数のとき，3の倍数になります。9+2+□=11+□ が3の倍数になるのは，□が1，4，7のときです。

(3)下2けたが4の倍数のとき，4の倍数になります。2□が4の倍数になるのは，□が0，4，8のときです。

(4)下1けたが0，5のとき，5の倍数になります。

(5)2の倍数かつ3の倍数のとき，6の倍数になります。よって，92□が6の倍数になるのは，□が(1)と(2)に共通する数字4のときです。

(6)各けたの数字の和が9の倍数のとき，9の倍数になります。9+2+□=11+□ が9の倍数になるのは，□が7のときです。

3 AからBへは2の倍数を移すことからBのふくろにはいるカードは，
1000÷2=500（まい）
AからCへは，3の倍数を移しますが，すでに2の倍数がBへ移っていることから，3の倍数から6の倍数をのぞいたまい数になります。
1000÷3=333余り1，
1000÷6=166余り4 より，
333−166=167（まい）
AはB，Cへ移した残りのまい数になります。
1000−(500+167)=333（まい）

4 正方形にするには，たてと横の長さを等しくすればよいから，12と15の最小公倍数を求めます。12と15の最小公倍数は60より，1辺の長さは60 cm

5 2019から求める数をひくと，2019より小さい6と7の公倍数のうち，最大の数になります。
その数は6と7の最大公約数42の倍数になるから，2019÷42=48余り3 より，求める数は3

6 (1)ノートをもらったのは，
30÷5=6（人）…5の倍数の人

4

このうち，えん筆をもらったのは，
30÷10＝3（人）…2と5の公倍数の人
30÷15＝2（人）…3と5の公倍数の人
30÷30＝1（人）…2，3，5の公倍数の人
よって，6－(3＋2－1)＝2（人）
(2)えん筆を5本もらったのは，
30÷6＝5（人）…2と3の公倍数の人
この中には，ノートももらう人（30番の人）が
いるので，5－1＝4（人）
(3)2の倍数の人は，30÷2＝15（人）
よって，A賞のえん筆は，3×15＝45（本）
3の倍数の人は，30÷3＝10（人）
よって，B賞のえん筆は，2×10＝20（本）
したがって，45＋20＝65（本）

7 (1)15と10の最小公倍数は30
(2)7時，7時30分，8時，…，10時の7回。

3 約分と通分

ステップ1 18～19ページ

1 (1)$\frac{2}{5}$ (2)$\frac{3}{7}$ (3)$\frac{4}{15}$

2 (1)$\frac{2}{3}=\frac{\boxed{4}}{6}=\frac{8}{\boxed{12}}=\frac{\boxed{16}}{24}$

(2)$\frac{2}{7}=\frac{4}{\boxed{14}}=\frac{\boxed{8}}{28}=\frac{12}{\boxed{42}}=\frac{\boxed{22}}{77}$

3 (1)$\frac{2}{5}$ (2)$\frac{2}{7}$ (3)$\frac{5}{9}$ (4)$\frac{3}{5}$ (5)$\frac{3}{5}$ (6)$\frac{2}{3}$

4 5個

5 (1)0.7 (2)0.4 (3)0.75 (4)$\frac{9}{10}$ (5)$\frac{4}{5}$

(6)$\frac{1}{4}$

6 (1)$\left(\frac{7}{14}, \frac{8}{14}\right)$ (2)$\left(\frac{6}{9}, \frac{8}{9}\right)$

(3)$\left(\frac{15}{36}, \frac{16}{36}\right)$

7 (1)イ，ア (2)ア，イ

8 (1)ア21 イ65 (2)71

解き方

3 約分するとき，**分母と分子の最大公約数**を見つけて，その最大公約数で分母と分子をわります。
(6)48と32の最大公約数は16です。

$$\frac{32}{48}=\frac{32\div16}{48\div16}=\frac{2}{3}$$

4 分母は50だから，分子が50の約数のときだけ，約分すると分子が1になります。
50の約数は50以外に1，2，5，10，25の5個あるから，求める分数の個数は5個。

5 (2)$\frac{2}{5}=2\div5=0.4$

(5)$0.8=\frac{8}{10}=\frac{4}{5}$

7 通分して大きさを比べます。

(1)$\left(ア\ \frac{1}{3}\quad イ\ \frac{2}{5}\right)\rightarrow\left(ア\ \frac{5}{15}\quad イ\ \frac{6}{15}\right)$

(2)$\left(ア\ \frac{7}{8}\quad イ\ \frac{5}{6}\right)\rightarrow\left(ア\ \frac{21}{24}\quad イ\ \frac{20}{24}\right)$

8 (1)$\frac{6}{10}=\frac{3}{5}=\frac{3\times7}{5\times7}=\frac{\boxed{21}}{35}$

$\frac{6}{10}=\frac{3}{5}=\frac{3\times13}{5\times13}=\frac{39}{\boxed{65}}$

(2)$\frac{7\times9}{8\times9}<\frac{63}{\square}<\frac{9\times7}{10\times7}$　$\frac{63}{72}<\frac{63}{\square}<\frac{63}{70}$

分子が63で同じだから，$\square$＝71

ステップ2 20～21ページ

1 (1)$\frac{11}{15}$ (2)$\frac{3}{4}$ (3)$\frac{2}{5}$ (4)$\frac{6}{5}$ (5)$\frac{5}{6}$

2 (1)$\left(\frac{45}{60}, \frac{40}{60}, \frac{36}{60}\right)$ (2)$\left(\frac{14}{60}, \frac{9}{60}, \frac{50}{60}\right)$

(3)$\left(\frac{30}{40}, \frac{25}{40}, \frac{28}{40}\right)$ (4)$\left(\frac{15}{60}, \frac{18}{60}, \frac{8}{60}\right)$

3 (1)$\frac{11}{12}$ (2)$\frac{3}{8}$ (3)$\frac{11}{16}$ (4)$\frac{3}{7}$

4 $\frac{11}{13}$

5 (1)24 (2)14

6 $\frac{17}{24}$

7 40個

解き方

1 分母・分子の数が大きいときは，少しずつ約分をしていきます。

(5)$\frac{90}{108}=\frac{45}{54}=\frac{15}{18}=\frac{5}{6}$

2 3つの分数を通分するときも，分母の最小公倍数を新しい分数の分母にします。

3 (3)$\frac{3}{5}=0.6$，$\frac{2}{3}=0.666\cdots$ です。そこで，$\frac{2}{3}$と$\frac{11}{16}$の大きさを比べます。通分すると，$\frac{32}{48}$と$\frac{33}{48}$となり$\frac{11}{16}$のほうが大きいことがわ

かります。

4 $\frac{7}{8}=\frac{\square}{13}$ とすると，$8×\square=7×13$

$\square=7×13÷8=11.375$

11.375 に最も近い整数は 11 だから，求める分数は $\frac{11}{13}$

5 (1) $\frac{2×35}{3×35}<\frac{\square×3}{35×3}<\frac{5×15}{7×15}$

$\frac{70}{105}<\frac{\square×3}{105}<\frac{75}{105}$　$70<\square×3<75$

$23\frac{1}{3}<\square<25$ より，$\square=24$

6 分母が 24 なので，$\frac{2}{3}$ と $\frac{3}{4}$ の分母を 24 にそろえると，$\frac{16}{24}$ と $\frac{18}{24}$ となります。

$\frac{16}{24}$ と $\frac{18}{24}$ の間にある分数は $\frac{17}{24}$ です。しかも，これ以上約分ができません。

7 $100=2×2×5×5$ だから，約分できないものは，分子が 2 の倍数でも 5 の倍数でもないときです。

1 から 100 のうち，

2 の倍数は，$100÷2=50$（個）

5 の倍数は，$100÷5=20$（個）

2 と 5 の公倍数(10 の倍数)は，

$100÷10=10$（個）

したがって，約分できないのは，

$100-(50+20-10)=40$（個）

4 分数のたし算とひき算

ステップ1　22〜23ページ

1 (1) $\frac{11}{15}$　(2) $\frac{5}{8}$　(3) $\frac{11}{18}$　(4) $\frac{2}{3}$

(5) $1\frac{19}{30}\left(\frac{49}{30}\right)$　(6) $1\frac{3}{10}\left(\frac{13}{10}\right)$

2 (1) $5\frac{9}{10}$　(2) $3\frac{2}{3}$　(3) $5\frac{3}{10}$　(4) $4\frac{17}{42}$

(5) $5\frac{2}{9}$　(6) $10\frac{1}{20}$

3 (1) $\frac{1}{6}$　(2) $\frac{5}{14}$　(3) $\frac{11}{24}$　(4) $\frac{1}{6}$

4 (1) $2\frac{26}{45}$　(2) $1\frac{13}{24}$　(3) $\frac{29}{56}$　(4) $\frac{37}{80}$

(5) $\frac{5}{8}$　(6) $\frac{17}{21}$

5 (1) $2\frac{11}{20}$（2.55）　(2) $5\frac{1}{4}$（5.25）　(3) $\frac{11}{15}$

(4) $\frac{15}{28}$

6 $3\frac{11}{20}$ km

解き方

1 通分してから，分子の和を求めます。

(4) $\frac{1}{2}+\frac{1}{6}=\frac{3}{6}+\frac{1}{6}=\frac{\overset{2}{\cancel{4}}}{\underset{3}{\cancel{6}}}=\frac{2}{3}$

> **ここに注意** 通分して計算した後で，仮分数になったら，帯分数になおすことと，約分できないか調べてみることがたいせつです。

2 帯分数のたし算では，整数部分と分数部分を別々に計算します。

(4) $1\frac{5}{6}+2\frac{4}{7}=1\frac{35}{42}+2\frac{24}{42}=3\frac{59}{42}=4\frac{17}{42}$

3 (4) $\frac{5}{12}-\frac{1}{4}=\frac{5}{12}-\frac{3}{12}=\frac{\overset{}{\cancel{2}}}{\underset{6}{\cancel{12}}}=\frac{1}{6}$

4 (5) $2\frac{1}{2}-1\frac{7}{8}=2\frac{4}{8}-1\frac{7}{8}=1\frac{12}{8}-1\frac{7}{8}=\frac{5}{8}$

5 どちらも分数に直して計算します。

(3) $1\frac{1}{3}-0.6=\frac{4}{3}-\frac{3}{5}=\frac{20}{15}-\frac{9}{15}=\frac{11}{15}$

6 $\frac{4}{5}+2\frac{3}{4}=\frac{16}{20}+2\frac{15}{20}=2\frac{31}{20}=3\frac{11}{20}$

ステップ2　24〜25ページ

1 (1) $5\frac{1}{4}$　(2) $4\frac{8}{15}$　(3) $8\frac{1}{20}$　(4) $\frac{1}{2}$　(5) $\frac{2}{3}$

(6) $1\frac{3}{10}$

2 (1) $1\frac{47}{56}\left(\frac{103}{56}\right)$　(2) $11\frac{1}{3}$　(3) $\frac{8}{15}$

(4) $\frac{13}{20}$　(5) $1\frac{1}{8}\left(\frac{9}{8}\right)$　(6) $1\frac{5}{6}\left(\frac{11}{6}\right)$

3 (1) $1\frac{17}{60}\left(\frac{77}{60}\right)$　(2) $1\frac{3}{4}$

4 (1) $\frac{11}{150}$　(2) $5\frac{11}{60}$

5 ㋐ $\frac{1}{3}$　㋑ $\frac{1}{4}$　㋒ $\frac{1}{4}$　㋓ $\frac{1}{5}$　㋔ $\frac{3}{10}$

6 ア $\frac{2}{3}$　イ $\frac{1}{15}$　ウ $\frac{19}{30}$

7 ○2　□18

2 3つ以上の分数のたし算・ひき算も，通分してから，分子の和・差を求めます。

(1) $\frac{5}{8}+\frac{11}{14}+\frac{3}{7}=\frac{35}{56}+\frac{44}{56}+\frac{24}{56}=\frac{103}{56}=1\frac{47}{56}$

3 (1) $\frac{1}{2}+\frac{1}{3}+\frac{1}{4}+\frac{1}{5}=\frac{30}{60}+\frac{20}{60}+\frac{15}{60}+\frac{12}{60}=\frac{77}{60}$
$=1\frac{17}{60}$

4 (1) $\frac{16}{25}+0.6-1\frac{1}{6}=\frac{16}{25}+\frac{3}{5}-\frac{7}{6}$
$=\frac{96}{150}+\frac{90}{150}-\frac{175}{150}=\frac{11}{150}$

(2) $2\frac{1}{3}-0.75+3\frac{3}{5}=\frac{7}{3}-\frac{3}{4}+\frac{18}{5}$
$=\frac{140}{60}-\frac{45}{60}+\frac{216}{60}=\frac{311}{60}=5\frac{11}{60}$

5 $\left(\frac{1}{2}-\frac{1}{3}\right)+\left(\frac{1}{3}-\frac{1}{4}\right)+\left(\frac{1}{4}-\frac{1}{5}\right)$
$=\frac{1}{2}-\frac{1}{3}+\frac{1}{3}-\frac{1}{4}+\frac{1}{4}-\frac{1}{5}$
$=\frac{1}{2}-\frac{1}{5}=\frac{5}{10}-\frac{2}{10}=\frac{3}{10}$

6 ア，イ $\frac{3}{5}$ と $\frac{2}{3}$ をそれぞれ通分すると，$\frac{9}{15}$ と $\frac{10}{15}$
よって，ちがいは，$\frac{10}{15}-\frac{9}{15}=\frac{1}{15}$
ウ $\frac{10}{15}$ と $\frac{9}{15}$ のちょうど真ん中は，分子の差が2になるように $\frac{20}{30}$ と $\frac{18}{30}$ に通分しなおすと見つけることができます。

7 分母である9の約数は1，3，9で，この中に2つの数の和が5になる組み合わせはありません。
そこで，$\frac{5}{9}=\frac{5\times2}{9\times2}=\frac{10}{18}$ として考えます。
分母である18の約数は1，2，3，6，9，18
この中で2つの数の和が10になるのは1，9だから，$\frac{1}{18}$，$\frac{9}{18}=\frac{1}{2}$ より，○=2，□=18

5 分数のかけ算

ステップ1 26～27ページ

1 (1) $\frac{3}{5}\times2=\frac{3\times2}{5}=\frac{6}{5}=1\frac{1}{5}$
(2) $1\frac{3}{4}\times5=\frac{7}{4}\times5=\frac{7\times5}{4}=\frac{35}{4}=8\frac{3}{4}$

(3) $\frac{5}{6}\times\frac{4}{7}=\frac{5\times4}{6\times7}=\frac{5\times2}{3\times7}=\frac{10}{21}$
(4) $1\frac{1}{5}\times\frac{2}{9}=\frac{6}{5}\times\frac{2}{9}=\frac{6\times2}{5\times9}=\frac{2\times2}{5\times3}=\frac{4}{15}$

2 (1) $\frac{6}{7}$ (2) $3\frac{3}{4}\left(\frac{15}{4}\right)$ (3) $\frac{1}{2}$ (4) 4
(5) $4\frac{4}{5}\left(\frac{24}{5}\right)$ (6) $4\frac{1}{2}\left(\frac{9}{2}\right)$

3 (1) $\frac{10}{21}$ (2) $\frac{8}{15}$ (3) $\frac{7}{18}$ (4) $\frac{13}{20}$
(5) $3\frac{1}{5}\left(\frac{16}{5}\right)$ (6) $5\frac{5}{14}\left(\frac{75}{14}\right)$

4 (1) (式) $\frac{4}{5}\times3=\frac{12}{5}=2\frac{2}{5}$ $2\frac{2}{5}$ dL
(2) (式) $\frac{3}{4}\times7=\frac{21}{4}=5\frac{1}{4}$ $5\frac{1}{4}$ dL
(3) (式) $\frac{5}{7}\times4\frac{2}{5}=\frac{5}{7}\times\frac{22}{5}=\frac{22}{7}=3\frac{1}{7}$
$3\frac{1}{7}$ m²

解き方

1 (3) 計算のとちゅうで約分できるときは約分します。
$\frac{5}{6}\times\frac{4}{7}=\frac{5\times\overset{2}{4}}{\underset{3}{6}\times7}=\frac{5\times2}{3\times7}=\frac{10}{21}$

2 分数と整数のかけ算は，分母をそのままにして，分子に整数をかけて計算します。
(3) $\frac{1}{8}\times4=\frac{1\times\overset{1}{4}}{\underset{2}{8}}=\frac{1}{2}$

3 分数と分数のかけ算は，分母どうし，分子どうしをかけて計算します。
(3) $3\frac{1}{2}\times\frac{1}{9}=\frac{7}{2}\times\frac{1}{9}=\frac{7\times1}{2\times9}=\frac{7}{18}$

ステップ2 28～29ページ

1 (1) $9\frac{5}{8}\left(\frac{77}{8}\right)$ (2) $17\frac{3}{4}\left(\frac{71}{4}\right)$ (3) 150
(4) $\frac{77}{250}$ (5) 2 (6) $13\frac{3}{4}\left(\frac{55}{4}\right)$

2 (1) 7 (2) 33 (3) 9 (4) $3\frac{1}{3}\left(\frac{10}{3}\right)$

3 (1) 1 (2) $1\frac{23}{40}\left(\frac{63}{40}\right)$

4 120

5 2 m

6 (1) 119 cm (2) $178\frac{1}{2}$ cm²

解き方

2 かっこの中を先に計算します。

(1) $\left(\dfrac{2}{3}+\dfrac{1}{2}\right)\times6=\left(\dfrac{4}{6}+\dfrac{3}{6}\right)\times6=\dfrac{7}{6}\times6=7$

別解 分配法則を用いて計算します。

(1) $\left(\dfrac{2}{3}+\dfrac{1}{2}\right)\times6=\dfrac{2}{3}\times6+\dfrac{1}{2}\times6=4+3=7$

3 (1) $\Box+2\dfrac{1}{2}=3\dfrac{1}{2}$　$\Box=3\dfrac{1}{2}-2\dfrac{1}{2}=1$

(2) $\Box\div3-\dfrac{2}{5}=\dfrac{1}{8}$　$\Box\div3=\dfrac{1}{8}+\dfrac{2}{5}=\dfrac{21}{40}$

$\Box=\dfrac{21}{40}\times3=\dfrac{63}{40}=1\dfrac{23}{40}$

4 各分数に分母 6, 8, 20 の最小公倍数 120 をかけると，すべて整数になります。

5 $12-1\dfrac{1}{4}\times8=12-\dfrac{5}{4}\times8=12-10=2$ (m)

6 (1) つなぐ前の長さは，$15\dfrac{3}{4}\times8=126$ (cm)

テープをつなぐと，つなぎ目は 7 か所できるから，$126-(1\times7)=119$ (cm)

(2) $1\dfrac{1}{2}\times119=\dfrac{3}{2}\times119=\dfrac{357}{2}=178\dfrac{1}{2}$ (cm²)

7 $15\times1\dfrac{1}{5}\times1\dfrac{1}{6}=15\times\dfrac{6}{5}\times\dfrac{7}{6}=21$ (さつ)

6 分数のわり算

ステップ**1**　30〜31ページ

1 (1) $\dfrac{4}{5}\div3=\dfrac{4}{\boxed{5\times3}}=\dfrac{4}{\boxed{15}}$

(2) $2\dfrac{2}{7}\div2=\dfrac{\boxed{16}}{\boxed{7}}\div2=\dfrac{\boxed{16}}{7\times\boxed{2}}=\dfrac{\boxed{8}}{7\times1}=\dfrac{\boxed{8}}{7}$

$=\boxed{1}\dfrac{\boxed{1}}{7}$

(3) $\dfrac{2}{3}\div\dfrac{4}{7}=\dfrac{2}{3}\times\dfrac{\boxed{7}}{\boxed{4}}=\dfrac{2\times\boxed{7}}{3\times\boxed{4}}=\dfrac{1\times\boxed{7}}{3\times\boxed{2}}=\dfrac{\boxed{7}}{\boxed{6}}$

$=\boxed{1}\dfrac{\boxed{1}}{\boxed{6}}$

(4) $1\dfrac{2}{5}\div\dfrac{3}{4}=\dfrac{\boxed{7}}{\boxed{5}}\times\dfrac{\boxed{4}}{\boxed{3}}=\dfrac{\boxed{7\times4}}{\boxed{5\times3}}=\dfrac{\boxed{28}}{\boxed{15}}=\boxed{1}\dfrac{\boxed{13}}{\boxed{15}}$

2 (1) $\dfrac{3}{10}$　(2) $\dfrac{5}{18}$　(3) $\dfrac{2}{13}$　(4) $\dfrac{3}{28}$　(5) $\dfrac{5}{21}$

(6) $\dfrac{5}{18}$

3 (1) $\dfrac{5}{6}$　(2) $\dfrac{9}{10}$　(3) $3\dfrac{21}{25}$　(4) $2\dfrac{3}{16}$

(5) $\dfrac{8}{21}$　(6) $4\dfrac{2}{3}$

4 (1) (式) $\dfrac{3}{4}\div5=\dfrac{3}{20}$　$\dfrac{3}{20}$ L

(2) (式) $19\dfrac{1}{2}\div6=\dfrac{39}{2}\div6=\dfrac{13}{4}=3\dfrac{1}{4}$

$3\dfrac{1}{4}$ cm

(3) (式) $3\dfrac{3}{5}\div\dfrac{27}{35}=\dfrac{18}{5}\times\dfrac{35}{27}=\dfrac{14}{3}=4\dfrac{2}{3}$

$4\dfrac{2}{3}$ cm

解き方

2 分数を整数でわるわり算は，分子をそのままにして，分母に整数をかけて計算します。

(3) $\dfrac{10}{13}\div5=\dfrac{\overset{2}{\cancel{10}}}{13\times\underset{1}{\cancel{5}}}=\dfrac{2}{13}$

3 分数を分数でわるわり算は，わられる分数にわる分数の逆数(分母と分子をいれかえた分数)をかけて計算します。

(3) $3\dfrac{1}{5}\div\dfrac{5}{6}=\dfrac{16}{5}\times\dfrac{6}{5}=\dfrac{16\times6}{5\times5}=\dfrac{96}{25}=3\dfrac{21}{25}$

ステップ**2**　32〜33ページ

1 (1) $\dfrac{3}{50}$　(2) $\dfrac{5}{74}$　(3) $\dfrac{5}{9}$　(4) $21\dfrac{7}{8}\left(\dfrac{175}{8}\right)$

(5) $\dfrac{27}{56}$　(6) $4\dfrac{14}{15}\left(\dfrac{74}{15}\right)$

2 (1) $\dfrac{1}{6}$　(2) $\dfrac{11}{24}$　(3) $\dfrac{1}{8}$　(4) $\dfrac{3}{70}$

3 (1) $\dfrac{1}{3}$　(2) $\dfrac{1}{10}$

4 (1) $\dfrac{4}{5}$ dL　(2) $7\dfrac{13}{16}$ m　(3) $19\dfrac{9}{64}$ m²　(4) $\dfrac{23}{63}$

5 ㋐ $4\dfrac{4}{5}$　㋑ $\dfrac{12}{5}\left(2\dfrac{2}{5}\right)$　㋒ $\dfrac{12}{5}\left(2\dfrac{2}{5}\right)$

㋓ $\dfrac{3}{5}$　㋔ $4\dfrac{4}{5}$　㋕ 24　㋖ $\dfrac{3}{5}$

解き方

2 かっこの中を先に計算します。

(1) $\left(\dfrac{1}{2}+\dfrac{2}{3}\right)\div7=\left(\dfrac{3}{6}+\dfrac{4}{6}\right)\div7=\dfrac{7}{6}\div7=\dfrac{1}{6}$

3 (1) $\Box-\dfrac{2}{9}=\dfrac{1}{9}$　$\Box=\dfrac{1}{9}+\dfrac{2}{9}=\dfrac{1}{3}$

(2) $\Box\times5-\dfrac{1}{4}=\dfrac{1}{4}$　$\Box\times5=\dfrac{1}{4}+\dfrac{1}{4}=\dfrac{1}{2}$

$\Box=\dfrac{1}{2}\div5=\dfrac{1}{10}$

4 (1) $2\frac{2}{5}\div3=\frac{12}{5}\div3=\frac{4}{5}$ (dL)

(2) 1 a$=100$ m^2 だから，

$100\div12\frac{4}{5}=100\div\frac{64}{5}=100\times\frac{5}{64}=\frac{125}{16}$

$=7\frac{13}{16}$ (m)

(3) 正方形の1辺の長さは，

$17\frac{1}{2}\div4=\frac{35}{2}\div4=\frac{35}{8}$ (m)

よって，求める面積は，

$\frac{35}{8}\times\frac{35}{8}=\frac{1225}{64}=19\frac{9}{64}$ (m^2)

(4) AとBの真ん中の数は，(A+B)÷2 で求められます。

$\left(\frac{2}{7}+\frac{4}{9}\right)\div2=\left(\frac{18}{63}+\frac{28}{63}\right)\div2=\frac{46}{63}\div2=\frac{23}{63}$

1~6 ステップ3 34~35ページ

1 (1) $\frac{1}{18}$ (2) $\frac{12}{25}$

2 (1) 1267 (2) $\frac{72}{168}$

3 (1) $\frac{1}{35}$ (2) $\frac{10}{231}$

4 ア2 イ3 ウ9 (2, 3, 9の3つがあれば順番がちがっていても正解です。)

5 (1) 16個 (2) 5個 (3) 22回

6 (1) 34秒後 (2) 20回

7 10通り

解き方

1 (1) $\frac{8}{15}\times\frac{5}{12}-\frac{1}{2}\div3=\frac{2}{9}-\frac{1}{6}=\frac{4}{18}-\frac{3}{18}=\frac{1}{18}$

(2) $\frac{1}{5}\div\left(\frac{1}{4}+\frac{1}{3}\times\frac{1}{2}\right)=\frac{1}{5}\div\left(\frac{1}{4}+\frac{1}{6}\right)$

$=\frac{1}{5}\div\left(\frac{3}{12}+\frac{2}{12}\right)=\frac{1}{5}\div\frac{5}{12}=\frac{1}{5}\times\frac{12}{5}=\frac{12}{25}$

2 (1) 求める数は，12，15，28の公倍数に7をたした数になります。

12，15，28の公倍数は 12，15，28の最小公倍数420の倍数だから，条件をみたす整数のうち，4けたで最小のものは，

$420\times3+7=1267$

(2) $\frac{3}{7}$ の分母と分子の差は 7−3=4

96÷4=24 だから，$\frac{3\times24}{7\times24}=\frac{72}{168}$

3 (1) $\frac{1}{10\times11}+\frac{1}{11\times12}+\frac{1}{12\times13}+\frac{1}{13\times14}$

$=\left(\frac{1}{10}-\frac{1}{11}\right)+\left(\frac{1}{11}-\frac{1}{12}\right)+\left(\frac{1}{12}-\frac{1}{13}\right)$

$+\left(\frac{1}{13}-\frac{1}{14}\right)$

$=\frac{1}{10}-\frac{1}{14}=\frac{7}{70}-\frac{5}{70}=\frac{2}{70}=\frac{1}{35}$

(2) $\left(\frac{1}{11}-\frac{1}{12}\right)+\left(\frac{1}{12}-\frac{1}{14}\right)+\left(\frac{1}{14}-\frac{1}{17}\right)$

$+\left(\frac{1}{17}-\frac{1}{21}\right)$

$=\frac{1}{11}-\frac{1}{21}=\frac{21}{231}-\frac{11}{231}=\frac{10}{231}$

4 18の約数は 1，2，3，6，9，18だから，17を3つの18の約数の和にするには，(2, 6, 9) しかありません。

$\frac{17}{18}=\frac{2+6+9}{18}=\frac{2}{18}+\frac{6}{18}+\frac{9}{18}$

$=\frac{1}{9}+\frac{1}{3}+\frac{1}{2}\left(=\frac{1}{2}+\frac{1}{3}+\frac{1}{9}\right)$

5 (1) 50÷3=16 余り 2 より，16個。

(2) 50÷9=5 余り 5 より，5個。

(3) (1)，(2)より，3で1回わり切れる数は16個，3×3=9 より，3で2回わり切れる数は5個。また，3×3×3=27，50÷27=1 余り 23 より，3で3回わり切れる数は1個です。

1から50までの整数の積を3でくり返しわると，16+5+1=22 (回) わり切れます。

6 音が鳴っているときは○，静かなときは×とすると，次のようになります。

```
  1 2 3 4 5 6 7 8 9 10 11 12 13 14 15
A ○ ○ ○ ○ × × ○ ○ ○ ○  ×  ×  ○  ○  ○
B ○ ○ ○ ○ × × × ○ ○ ○  ○  ×  ×  ×  ○

  16 17 18 19 20 21 22 23 24 25 26 27 28 29 30
A  ○  ×  ×  ○  ○  ○  ○  ×  ×  ○  ○  ○  ○  ×  ×
B  ○  ○  ○  ×  ×  ×  ○  ○  ○  ○  ×  ×  ×  ○  ○

  31 32 33 34 35 36 37 38 39 40 41 42 …
A  ○  ○  ○  ○  ×  ×  ○  ○  ○  ○  ×  ×  …
B  ○  ×  ×  ×  ○  ○  ○  ○  ×  ×  ×  ○  …
```

(1) 1度目は4秒後，2度目は11秒後，3度目は34秒後です。

(2) 4+2=6 と 4+3=7 の最小公倍数は，42 はじめの 42秒間に，3秒間だけAとBが同時に鳴るのは，7秒後から10秒後までと，36秒後から39秒後までの2回。

これを42秒ごとにくり返すから，求める回数は，2×(60×7÷42)=20 (回)

7 $\dfrac{イ}{ア}\div\dfrac{ウ}{4}=\dfrac{イ}{ア}\times\dfrac{4}{ウ}=\dfrac{イ\times4}{ア\times ウ}$

・ア=2 のとき，イ×ウ は 2×4=8 の倍数になればよく，イ，ウ の取り方は，(6, 12)，

9

(12, 6) の2通り。

- $\boxed{ア}=3$ のとき, $\boxed{イ}\times\boxed{ウ}$ は $3\times4=12$ の倍数になればよく, $\boxed{イ}$, $\boxed{ウ}$ の取り方は, (2, 6), (6, 2), (2, 12), (12, 2), (6, 12), (12, 6) の6通り。

- $\boxed{ア}=6$ のとき, $\boxed{イ}\times\boxed{ウ}$ は $6\times4=24$ の倍数になればよく, $\boxed{イ}$, $\boxed{ウ}$ の取り方は, (2, 12), (12, 2) の2通り。

- $\boxed{ア}=12$ のとき, $\boxed{イ}\times\boxed{ウ}$ は $12\times4=48$ の倍数になればよいが, そのような $\boxed{イ}$, $\boxed{ウ}$ の取り方はない。

以上より, 2+6+2=10 (通り)。

7 小数のかけ算

ステップ **1**　36〜37ページ

1 (1)92.6　(2)47
2 (1)100　(2)1000
3 (1)4.06　(2)0.576　(3)0.576　(4)21.39
　　(5)63.96　(6)3.666　(7)0.1431
　　(8)3.211　(9)0.6478
4 (1)8.1　(2)47.6　(3)13　(4)51
　　(5)37.08　(6)0.99
5 (1)○　(2)×　(3)×　(4)○
6 74.52 kg
7 23.31 m²

解き方

2 (1)$5.6\times3.4=56\div10\times34\div10$
　　　$=56\times34\div10\div10=56\times34\div100$
　　(2)$5.6\times0.34=56\div10\times34\div100$
　　　$=56\times34\div10\div100=56\times34\div1000$

3 小数に小数をかける計算では, 小数点がないものとして計算し, かけられる数とかける数の小数点以下のけた数の和だけ, 積の小数点を右から左へ移します。

(6) 　　0.78 ── 2けた
　×　4.7 ── 1けた
　　　546
　　312
　3.666 ← 3けた

(7) 　　0.53 ── 2けた
　×0.27 ── 2けた
　　　371
　　106
　0.1431 ← 4けた

4 小数点より右にある最後の0は消して答えます。また, 小数点以下がすべて0のとき, 答えは整数になります。
　(1)$4.5\times1.8=8.10\rightarrow8.1$
　(3)$2.5\times5.2=13.00\rightarrow13$

5 ・かける数>1 のとき, 積>かけられる数
　・かける数=1 のとき, 積=かけられる数
　・かける数<1 のとき, 積<かけられる数

6 $32.4\times2.3=74.52$ (kg)
7 $1.85\times12.6=23.31$ (m²)

ステップ **2**　38〜39ページ

1 (1)8.88　(2)7.04　(3)61.1　(4)2.496
　　(5)1.944　(6)0.259　(7)26.25
　　(8)30.672
2 (1)2.95　(2)1.17　(3)0.81　(4)1.55
3 (1)イ　(2)ウ
4 113.6 km
5 57.3
6 (例)2.4 をもとにすると, 2.4×3.5 は 2.4 が 3.5 個分, 4.8×1.6 は 2.4 が 2×1.6=3.2 (個分) だから, 合わせて 2.4×(3.5+3.2) となります。

解き方

2 (1)$2.95\times0.125\times8=2.95\times(0.125\times8)$
　　　$=2.95\times1=2.95$
　　(3)分配法則を用いると, かん単に計算できます。
　　　$0.66\times0.81+0.34\times0.81$
　　　$=(0.66+0.34)\times0.81=1\times0.81=0.81$

3 (2)かける数が1より小さく, 1に最も近い式は, ウ

4 $15.6\times35.5-12.4\times35.5$
　$=(15.6-12.4)\times35.5$
　$=3.2\times35.5=113.6$ (km)

5 ある数を□とすると, (□+13.2)÷7.5=9.4
　□+13.2=9.4×7.5=70.5
　□=70.5-13.2=57.3

8 小数のわり算

ステップ **1**　40〜41ページ

1 (1)2.76　(2)0.493

2 (1)9.1 (2)910
3 (1)63 (2)43 (3)2.8 (4)13 (5)2.7
(6)16
4 (1)26 (2)17 (3)3.5 (4)0.275 (5)2.3
(6)1.2
5 (1)3.7 余り0.04 (2)2.1 余り0.09
(3)5.5 余り0.005
6 (1)0.4 (2)2.0 (3)2.7

解き方

2 (1)0.91÷1.3=(0.91×10)÷(1.3×10)
=9.1÷13
(2)9.1÷0.13=(9.1×100)÷(0.13×100)
=910÷13

3 (1)
```
        6 3
 0.4)2 5.2
     2 4
       1 2
       1 2
         0
```
(3)
```
        2.8
 2.8)7.8.4
     5 6
     2 2 4
     2 2 4
         0
```

4 (1)
```
        2 6
 3.7)9 6.2
     7 4
     2 2 2
     2 2 2
         0
```
(4)
```
        0.2 7 5
 4.8)1.3.2
     9 6
     3 6 0
     3 3 6
       2 4 0
       2 4 0
           0
```

5 余りの小数点の位置は，わられる数のもとの小数点の位置にします。
(1)
```
        3.7
 1.8)6.7
     5 4
     1 3 0
     1 2 6
     0 0 4
```
(2)
```
        2.1
 1.6)3.4.5
     3 2
       2 5
       1 6
     0 0 9
```
(3)
```
        5.5
 0.49)2.70
      2 4 5
        2 5 0
        2 4 5
      0 0 0 5
```
6 (1)
```
        4
      0.3 8
 8.6)3.3.0
     2 5 8
       7 2 0
       6 8 8
         3 2
```
(3)
```
        7
      2.6 7
 0.83)2.22
      1 6 6
        5 6 0
        4 9 8
          6 2 0
          5 8 1
            3 9
```

> ここに注意 (2)では，商の2.0の0を消さないで，このままつけておきます。小数第1位は0になっていることをはっきりさせるためです。

1 (1)2.75 (2)13.5 (3)2.25 (4)0.35
(5)6.5 (6)18.4
2 (1)30.78 余り0.006
(2)8.56 余り0.004
(3)33.78 余り0.018
3 (1)3.5 (2)4.6 (3)11.2 (4)11.8
(5)13.6 (6)4.5
4 (1)4.5 (2)1.88 (3)4.6 (4)0.8
5 エ
6 7回
7 ふくろ 38 ふくろ　余り 0.85kg
8 5.28 m

解き方

3 (5)
```
         1 3.6
 1.7)2 3.1.5
     1 7
       6 1
       5 1
       1 0 5
       1 0 2
           3 0
           1 7
           1 3
```
(6)
```
            5
          4.4 6
 7.08)3 1.6 1
       2 8 3 2
       3 2 9 0
       2 8 3 2
         4 5 8 0
         4 2 4 8
           3 3 2
```
5 わり算の商は，わる数が小さくなればなるほど，大きくなります。わる数がいちばん小さいのは，エです。
6 12.5÷1.61=7 余り 1.23 より，7回
7 69.25÷1.8=38 余り 0.85
8 4.5×9.68=43.56 (m²)
43.56÷(9.68-1.43)=43.56÷8.25
=5.28 (m)

9　平　均

1 1126 m
2 31.6 kg
3 (1)85 (2)310 (3)8
4 (1)0.8 kg (2)292 kg
5 (1)340点 (2)90点
6 (1)60人 (2)60日 (3)15日

解き方

1 平均＝合計÷個数 で求めます。
道のりの合計は，
1124＋1128＋1126＝3378（m）
道のりの平均は，3378÷3＝1126（m）

2 （28.4＋32.6＋34.6＋30.8）÷4＝31.6（kg）

3 (1)平均＝合計÷個数 より，255÷3＝85（点）
(2)合計＝平均×個数 より，62×5＝310（g）
(3)個数＝合計÷平均 より，768÷96＝8（個）

4 (1)24÷30＝0.8（kg）
(2)0.8×365＝292（kg）

5 (1)85×4＝340（点）
(2)340−（95＋75＋80）＝90（点）

6 (1)6×10＝60（人）
(2)10×6＝60（日）
(3)60÷4＝15（日）

> **ここに注意** のべ日数というのも，のべ人数というのも同じ数量になりますが，1日ですると何人必要かという場合と，1人ですると何日かかるかという場合のちがいです。

ステップ2　46～47ページ

1 （10＋4＋8＋12）÷4 は，火曜日をのぞいた4日の利用人数の平均になっているから。

2 70点

3 83点

4 78点以上

5 62点

6 3回

7 (1)36人
(2)4個

8 (1)52人
(2)50＋（1＋3＋2＋0＋4）÷5
(3)260人

解き方

2 4人の合計点は，72×3＋64＝280（点）
4人の平均点は，280÷4＝70（点）

3 3人の合計点から，AとBの合計点をひくと，
87×3−89×2＝83（点）

4 4回のテストの合計点は，68×4＝272（点）
5回の平均点が70点以上になるとき，合計点は
70×5＝350（点）以上。
よって，350−272＝78（点）以上とればよいことになります。

5 73.4×5−（83＋90＋75）＝119（点）
（119＋5）÷2＝62（点）

6 90−89＝1（点）を今までのテストの回数分たすと，93−90＝3（点）になるから，
3÷1＝3（回）

7 (1)3＋5＋11＋10＋7＝36（人）
(2)（0×3＋1×5＋3×11＋5×10＋8×7）÷36
＝4（個）

8 (1)（51＋53＋52＋50＋54）÷5＝52（人）
(2)仮の平均をある数に決め，仮の平均と実際の数との差の平均を求めて，それと仮の平均との和を求めると，それが実際の平均になります。
平均＝仮平均＋（仮平均との差の総和÷個数）
(3)1週間に参加した人数が，全部1日に参加したとして考えると，
51＋53＋52＋50＋54＝260（人）

10 単位量あたりの大きさ

ステップ1　48～49ページ

1 (1)15g　(2)75g

2 800円

3 4個240円のみかん

4 A

5 A市

6 (1)B
(2)（例）130km走って10Lのガソリンを使う自動車

解き方

1 (1)120÷8＝15（g）
(2)15×5＝75（g）

2 1gあたりのねだんは，320÷100＝3.2（円）
よって，3.2×250＝800（円）

3 1個あたりのねだんを求めて比べます。
240÷4＝60（円），210÷3＝70（円）より，安いほうは，4個240円のみかん。

4 A…720÷1500＝0.48（kg）
B…920÷2000＝0.46（kg）

5 人口みつ度＝人口÷面積 より，
A市…450000÷406＝1108.3…（人）
B市…120000÷109＝1100.9…（人）

6 (1)ガソリン1Lあたりで走る道のりは，

Aの自動車…480÷40=12（km）

Bの自動車…450÷30=15（km）

よって，同じ道のりを走るとき，ガソリンの使用量が少ないのは，Bの自動車。

(2)たとえば，ガソリン１Ｌあたり13km走る自動車を考えると，130km走って10Lのガソリンを使用する自動車が当てはまります。

50～51ページ

ステップ2

1 約1.2L
2 (1)13.68 dL　(2)7 m²
3 0.15 kg
4 1440円
5 北市，12698人
6 （例）A市とB町の混みぐあいが同じであれば，合ぺいしても混みぐあいは変わらないから。
7 (1)1.8 cm　(2)4 cm　(3)35分後

解き方

1 1÷0.85=1.17…（L）→ 約1.2 L
2 (1)必要なペンキの量は，１m²では，

9÷5=1.8（dL）

7.6 m²では，1.8×7.6=13.68（dL）

(2)12.6÷1.8=7（m²）

3 (264−192)÷480=0.15（kg）
4 はり金１mの重さは，160÷4=40（g）

30 mの重さは，40×30=1200（g）

はり金１gのねだんは，120÷100=1.2（円）

1200 gの代金は，1.2×1200=1440（円）

5 それぞれの市の人口密度は，

北市…57143÷4.5=12698.4…（人）

中市…180196÷20.3=8876.6…（人）

南市…72485÷6.7=10818.6…（人）

人口みつ度が最も高いのは北市で，12698（人）

6 別解　A市とB町の人口みつ度を□，A市の面積をS，B町の面積をTとすると，A市の人口は□×S，B町の人口は□×Tとなり，合ぺい後の人口みつ度は（□×S+□×T）÷（S+T）=□となるから。

7 (1)5分後から10分後までの５分間に

22−13=9（cm）深くなっているから，水の深さは１分間に 9÷5=1.8（cm）の割合で増えます。

(2)はじめにはいっていた水の深さは，

13−(1.8×5)=4（cm）

(3)いっぱいにするには，67−4=63（cm）分水を入れなければならないから，

63÷1.8=35（分後）

7～10

52～53ページ

ステップ3

1 (1)0.8　(2)7　(3)38
2 (1)0.532　(2)1.292　(3)2.6　(4)1.8
3 (1)1296　(2)274　(3)8.5　(4)0.92
4 72
5 64点
6 ア8　イ24
7 (1)1200人　(2)12000人

解き方

1 (2)たし算・ひき算とかけ算・わり算が混じった式では，かけ算・わり算を先に計算します。

8−0.625÷0.5+0.25=8−1.25+0.25=7

(3)かけ算だけの式は，かける順番をかえても答えが同じになります。

3.8×(2.5×4)=3.8×10=38

2 分数を小数に直してから計算します。

(1)0.5+0.16×0.2=0.5+0.032=0.532

(2)0.8+1.23×0.4=0.8+0.492=1.292

(3)1.6+0.15÷0.15=1.6+1=2.6

(4)5.6÷1.75−1.4=3.2−1.4=1.8

3 分配法則を用いるとかん単に計算できます。

(1)43.2×(11.6+18.4)=43.2×30=1296

(2)(7.16×10+28.4)×2.74

=(71.6+28.4)×2.74=100×2.74=274

(3)(95.6−17.4)÷9.2=78.2÷9.2=8.5

(4)83.8÷85−5.6÷85=(83.8−5.6)÷85

=78.2÷85=0.92

4 4+6=10（人）の合計点は，75×10=750（点）

これから女子との差 5×6=30（点）を引くと男子の平均点10人分になるから，男子だけの平均点は，(750−30)÷(4+6)=72（点）

5 国語，社会，英語の合計点は，62×3=186（点）

算数，理科，英語の合計点は，70×3=210（点）

５つのテストの合計点と英語の点数の和は，

186+210=396（点）

英語の点数は，これから５つのテストの合計点をひくと，396−332=64（点）

6 タンクの容積は，12×40=480（L）

B管から１分間にはいる水量は，

480÷60=8（L）

13

よって，A管とB管を同時に使って満水にする
ときにかかる時間は，480÷(12+8)=24（分）

7 (1)A市とB市をあわせた人口みつ度は，
(50000+72000)÷(200+300)
=122000÷500=244（人）
人口みつ度を等しくするためにひっこせばよ
い人数は，50000−244×200=1200（人）
(2)合ぺい前のC町の人口を□人とすると，
□÷50=(72000+□)÷(300+50)
□×350=(72000+□)×50
□×350=3600000+□×50
□×300=3600000　□=12000

11 割合

ステップ**1**　　54〜55ページ

1 (1)5倍　(2)0.3　(3)0.6　(4)0.375
2 (1)23%　(2)30.7%　(3)105%
(4)56%　(5)162%　(6)45.8%
3 (1)80　(2)280　(3)9000　(4)30
4 5割5分
5 (1)1.6%　(2)70.4%

解き方

1 (1)100÷20=5（倍）
(2)30÷100=0.3
(3)30÷50=0.6
(4)30÷80=0.375
3 (1)400×0.2=80
(2)800×0.35=280
(3)1800÷0.2=9000
(4)15÷50=0.3 → 30%
4 11÷20=0.55 → 5割5分
5 (1)2kg=2000g
32÷2000=0.016 → 1.6%
(2)30才より年上の人は，81−24=57（人）な
ので，57÷81×100=70.37…（%）
小数第2位を四捨五入して，70.4%

ステップ**2**　　56〜57ページ

1 (1)1.2　(2)960　(3)40
2 午前7時33分
3 250まい

4 肉の重さ240g
ハンバーガーの重さ160g
5 14.7cm
6 25%
7 250人
8 (例)平日に買う場合，
からあげ弁当…420×(1−0.2)=336（円）
のり弁当…360（円）
まくのうち弁当…
500×(1−0.2)=400（円）
合計…336+360+400=1096（円）
休日に買う場合，
からあげ弁当…
420×(1−0.15)=357（円）
のり弁当…360×(1−0.15)=306（円）
まくのうち弁当…
500×(1−0.15)=425（円）
合計…357+306+425=1088（円）
よって，休日の方が安く買えます。

解き方

1 (1)200×0.3=60（g）は，5kg=5000gの，
60÷5000×100=1.2（%）
(2)□円の2割5分が320×0.75=240（円）だ
から，□=240÷0.25=960
(3)50人の□%が
36−48×$\frac{1}{3}$=36−16=20（人）だから，
□=20÷50×100=40
2 雨の日に歩く時間は18×1.5=27（分）だから，
午前8時ちょうどに学校に着くには，午前7時
33分に家を出ればよいです。
3 赤い紙が全体の90%だから，赤くない紙のま
い数は，500×(1−0.9)=50（まい）
赤い紙を取りのぞいたとき，この50まいが
100−80=20（%）になればよいから，全体の
まい数は，50÷0.2=250（まい）
よって，取りのぞく赤い紙のまい数は，
500−250=250（まい）
4 肉…200×(1+0.2)=240（g）
ハンバーガー…184÷(1+0.15)=160（g）
5 120×0.35×0.35=14.7（cm）
6 持っている金額は1000÷0.2=5000（円），
残金は5000−1000=4000（円）だから，
代金は残金の，1000÷4000=0.25 → 25%

7 女子の人数は，25÷0.25＝100（人）
全体の人数のうち，女子の割合は，1−0.6＝0.4
よって，全体の人数は 100÷0.4＝250（人）

8 別解 休日に買う場合の代金の合計は，割引前
の代金の合計を 15％引きにしても求められます。
420＋360＋500＝1280
1280×（1−0.15）＝1088（円）

12 割合のグラフ

ステップ1 58〜59ページ

1 (1)45％　(2)108 台　(3)4.5 cm

2 (1)7.2 cm　(2)20.58 cm　(3)10.5 cm
(4)18 cm　(5)3.72 cm

3 (1)30％　(2)18 さつ

4 (1)水分 15％
たんぱく質 6％
でんぷん 78％
その他 1％

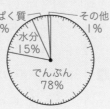

(2)右の円グラフ

解き方

1 (2)240×0.45＝108（台）
(3)10×0.45＝4.5（cm）

2 それぞれの成分を帯グラフに表したときの長さ
は，全体の長さ（60 cm）に割合をかけることで
求められます。
(1)60×0.12＝7.2（cm）
(2)60×0.343＝20.58（cm）
(3)60×0.175＝10.5（cm）
(4)60×0.3＝18（cm）
(5)60×0.062＝3.72（cm）

3 (2)60×0.3＝18（さつ）

4 (1)水分の割合は，30÷200×100＝15（％）
たんぱく質の割合は，12÷200×100＝6（％）
でんぷんの割合は，156÷200×100＝78（％）
その他の割合は，2÷200×100＝1（％）
(2)百分率の高い順に，上から右まわりにかいて
いきます。

ステップ2 60〜61ページ

1 (1)㋐42　㋑120　(2)126°

2 (1)21％　(2)13824 台

3 (1)42.5％　(2)176.4°

4 (1)㋐20　㋑44　(2)101°

5 (1)㋐46　㋑18　㋒9　(2)72 人
(3)（例）西小学校の全体の人数は 250 人で，
メロンが好きな人は 26％ なので，西小
学校でメロンが好きな人は，
250×0.26＝65（人）
東小学校は(2)より 72 人なので，メロン
が好きな人の数は，東小学校のほうが多
いです。
ですから，みかさんはまちがっています。

解き方

1 (1)全体が 30 cm で，算数が 9 cm だから，
9÷30＝0.3　0.3 が 36 人だから，
36÷0.3＝120（人）で，㋑は 120
120−（36＋24＋18）＝42 で，㋐は 42
(2)360°×（42÷120）＝126°

2 (1)7×3＝21（％）
(2)白色以外の色の乗用車の割合は
100−46＝54（％）だから，その台数は，
25600×0.54＝13824（台）

3 (1)153÷360×100＝42.5（％）
(2)360°×0.49＝176.4°

4 (1)㋐40÷200×100＝20（％）
㋑88÷200×100＝44（％）
(2)360°×0.28＝100.8°→ 101°

5 (1)㋐と㋑の割合をあわせると，
256÷400×100＝64（％）
㋒は，100−（64＋14＋13）＝9（％）
㋑は，9×2＝18（％）
㋐は，64−18＝46（％）

13 相当算

ステップ1 62〜63ページ

1 (1)84％　(2)3650 人

2 520 人

3 90 L

4 72 cm

5 24 まい

6 270 人

7 12 cm

解き方

1 (1) 100−16=84 (%)

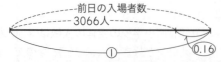

(2) 3066 人が前日の入場者数の 0.84 にあたるので，3066÷0.84=3650 (人)

2 546÷(1+0.05)=520 (人)

3 $\frac{1}{2}-\frac{1}{3}=\frac{1}{6}$ が 15 L にあた

るから，

$15÷\frac{1}{6}=15×6=90$ (L)

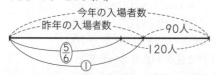

4 最初にゴムボールを□cm
の高さから落としたとすると，□×0.75=54
□=54÷0.75=72 (cm)

5 $\frac{1}{3}+\frac{1}{4}+\frac{1}{6}=\frac{3}{4}$　$1-\frac{3}{4}=\frac{1}{4}$

これが 6 まいにあたるので，$6÷\frac{1}{4}=24$ (まい)

6 $1-\frac{5}{6}=\frac{1}{6}$　これが 120−90=30 (人) にあた

るので，昨年の入場者数は，$30÷\frac{1}{6}=180$ (人)

よって，今年の入場者数は，
180+90=270 (人)

7 横の長さを $\frac{3}{4}$ にすると，72−60=12

12÷2=6 (cm) で，横の長さは 6 cm 短くなります。

横の長さの $1-\frac{3}{4}=\frac{1}{4}$ が 6 cm にあたるので，

横のもとの長さは，$6÷\frac{1}{4}=24$ (cm)

たての長さは，72÷2−24=36−24=12 (cm)

ステップ2 64〜65ページ

1 90 cm
2 490 円
3 125 cm
4 420 ページ
5 42 まい
6 160 cm

---

7 $1\frac{11}{16}$ 倍

解き方

1 24 cm は，最初に残ったリボンの $1-\frac{2}{3}=\frac{1}{3}$ に

あたるので，$24÷\frac{1}{3}=72$ (cm)

これがもとの長さの $1-\frac{1}{5}=\frac{4}{5}$ にあたるので，

はじめの長さは $72÷\frac{4}{5}=90$ (cm)

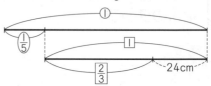

別解　24 cm がはじめの長さのどれだけにあたるかを考えます。

$\left(1-\frac{1}{5}\right)×\left(1-\frac{2}{3}\right)=\frac{4}{15}$

これが 24 cm にあたるので，はじめの長さは，

$24÷\frac{4}{15}=90$ (cm)

2 132 円は，消しゴムを買う前の金額の

$1-\frac{13}{35}=\frac{22}{35}$ にあたるので，

$132÷\frac{22}{35}=210$ (円)

これが持っていたお金の $1-\frac{4}{7}=\frac{3}{7}$ にあたるの

で，はじめの金額は $210÷\frac{3}{7}=490$ (円)

別解　132 円がはじめの金額のどれだけにあたるかを考えます。

$\left(1-\frac{4}{7}\right)×\left(1-\frac{13}{35}\right)=\frac{66}{245}$　これが 132 円にあ

たるので，$132÷\frac{66}{245}=490$ (円)

3 1 回目ではずんだ高さは，20÷0.4=50 (cm)
これが最初に落とす高さの 4 割にあたるので，
50÷0.4=125 (cm)
別解　20 cm が最初の高さのどれだけにあたるかを考えます。
20÷(0.4×0.4)=125 (cm)

4 $1-\frac{3}{4}=\frac{1}{4}$ より，2 日目に残ったページ数は，

$60÷\frac{1}{4}=240$ (ページ)

これが 1 日目に残ったページ数の，$1-\frac{1}{3}=\frac{2}{3}$

にあたるので，1 日目に残ったページ数は，

$240÷\dfrac{2}{3}=360$ （ページ）

よって，全部のページ数は，

$360+60=420$ （ページ）

5 残った３まいが，全体のどれだけにあたるかを考えます。

$$\left(1-\dfrac{4}{7}\right)×\left(1-\dfrac{2}{3}\right)×\left(1-\dfrac{1}{2}\right)=\dfrac{1}{14}$$

これが３まいにあたるので，$3÷\dfrac{1}{14}=42$ （まい）

6 水中から出ている部分の割合は，

$1-0.8=0.2$, $1-0.65=0.35$

その差は，$0.35-0.2=0.15$

ぼうの長さの 0.15 が 30 cm なので，ぼうの長さは，$30÷0.15=200$ （cm）

Aの深さは，$200×0.8=160$ （cm）

7 ４人がそれぞれ全体のどれだけであるかを考えます。

A…$\dfrac{1}{4}$

B…$\dfrac{3}{4}×\dfrac{1}{4}=\dfrac{3}{16}$

C…$\dfrac{1}{4}+\dfrac{3}{16}=\dfrac{7}{16}$ より，$\left(1-\dfrac{7}{16}\right)×\dfrac{1}{4}=\dfrac{9}{64}$

D…$\dfrac{1}{4}+\dfrac{3}{16}+\dfrac{9}{64}=\dfrac{37}{64}$ より，$1-\dfrac{37}{64}=\dfrac{27}{64}$

よって，DはAの，$\dfrac{27}{64}÷\dfrac{1}{4}=\dfrac{27}{16}=1\dfrac{11}{16}$ （倍）

14 損益算

ステップ **1**　　　　66〜67ページ

1 4800 円

2 35％引き

3 1380 円

4 15％引き

5 700 円

6 4200 円

7 1800 円

8 (1)1400 円　(2)1000 円　(3)40％

解き方

1 $6400×(1-0.25)=4800$ （円）

2 $780÷1200=0.65$

780 円は 1200 円の 0.65 にあたるので，

$1-0.65=0.35 → 35％$

別解　何円引いたかをまず考えます。

$1200-780=420$

$420÷1200=0.35 → 35％$

3 $1200×(1+0.15)=1380$ （円）

4 $540+120=660$　$561÷660=0.85$

561 円は 660 円の 0.85 にあたるので，

$1-0.85=0.15 → 15％$

5 $1200×(1-0.2)=960$ （円）

売りねが 960 円で，仕入れねは売りねから利益を引いた金額なので，$960-260=700$ （円）

6 $4830÷(1+0.15)=4200$ （円）

7 $1260÷(1-0.3)=1800$ （円）

8 (1)$1260÷(1-0.1)=1400$ （円）

(2)1260 円でも 26％ の利益があるので，仕入れねは，$1260÷(1+0.26)=1000$ （円）

(3)定価が 1400 円，仕入れねが 1000 円なので，

$1400÷1000=1.4$

1400 円は 1000 円の 1.4 にあたるので，

$1.4-1=0.4 → 40％$

ステップ **2**　　　　68〜69ページ

1 3510 円

2 126 円

3 168 円

4 20％

5 1150 円

6 1000 円

7 800 円

8 (例)仕入れねは，$1400÷1.4=1000$ （円）

Aの売り方では，売りねが $1400×(1-0.2)=1120$ （円）なので，利益は $1120-1000=120$ （円）

Bの売り方では，売りねが $1400-300=1100$ （円）なので，利益は，$1100-1000=100$ （円）

Aの売り方のほうが利益が出ます。

解き方

1 定価は，$3250×(1+0.2)=3900$ （円）

10％引きの売りねは，

$3900×(1-0.1)=3510$ （円）

2 定価は，$1200×(1+0.3)=1560$ （円）

１割５分引きの売りねは，

$1560×(1-0.15)=1326$ （円）

利益は，$1326-1200=126$ （円）

3 定価は，2100×(1+0.15)=2415（円）
20% 引きの売りねは，
2415×(1−0.2)=1932（円）
原価は 2100 円なので，損した金額は，
2100−1932=168（円）

4 原価を 1 とすると，定価は 1.5，2 割引きの売り
ねは，1.5×(1−0.2)=1.2
利益は，1.2−1=0.2 → 20%

5 原価を 1 とすると，定価は 1.2
3 割引きの売りねは，1.2×(1−0.3)=0.84
原価の 0.84 が 966 円にあたるので，原価は，
966÷0.84=1150（円）

6 270 円が定価の 1 割 5 分にあたるので，定価は，
270÷0.15=1800（円）
原価は，1800−800=1000（円）

7 A の 2 割引きのねだんは，
1100×0.8=880（円）
これが B の 1 割増しのねだんになるから，B の
もとのねだんは，880÷1.1=800（円）

8 別解　B の割引きの割合は，
300÷1400=0.214… → 約21.4%
A の割引きの割合は，2 割 → 20%
割引きの割合が B のほうが大きいので，利益が
出るのは，A の売り方です。

水の重さは，300−18=282（g）

5 食塩の重さは，300×4÷100=12（g）
水を 100 g 加えるから，
12÷(300+100)×100=3（%）

6 食塩の重さは，600×3.5÷100=21（g）
これを 5% の食塩水にするのに必要な水は，
21÷5×100=420（g）
じょう発させる水は，600−420=180（g）

7 食塩の重さはそれぞれ，
200×3÷100=6（g）
400×6÷100=24（g）
食塩の重さはあわせて，6+24=30（g）
よって，30÷(200+400)×100=5（%）

8 食塩水 A，B，C にふくまれる食塩の重さはそれ
ぞれ，
A…300×15÷100=45（g）
B…300×10÷100=30（g）
C…200×5÷100=10（g）
B と C を混ぜると，食塩の重さは 40 g です。こ
れから 4% の食塩水をつくるのに必要な水は，
40÷4×100=1000（g）
B と C を混ぜたときの食塩水の重さは，
300+200=500（g）なので，これに，水 A の
500 g を加えると，食塩 40 g，食塩水 1000 g
になるので，この食塩水の濃度は，
40÷1000×100=4（%）になります。

15 濃度算

ステップ 1～2　70～71ページ

1 10%
2 22.1 g
3 184 g
4 282 g
5 3%
6 180 g
7 5%
8 食塩水 B と食塩水 C と水 A

解き方
1 50÷(50+450)×100=10（%）
2 170×13÷100=22.1（g）
3 食塩の重さは，200×8÷100=16（g）
作る食塩水は 200 g なので，
200−16=184（g）
4 食塩水の重さは，18÷6×100=300（g）

16 消去算

ステップ 1～2　72～73ページ

1 みかん 65 円　かご 300 円
2 ガム 88 円　あめ 55 円
3 120 円
4 120 円
5 80 円
6 にんじん 68 円　じゃがいも 48 円
7 大人 180 円　子ども 90 円
8 （例）A+B=51（g）　B+C=67（g）
A+C=38（g）です。これらのおもりの全
部の和を考えると，A が 2 個，B が 2 個，C
が 2 個で，その重さは，
51+67+38=156（g）
よって，A+B+C の重さは，
156÷2=78（g）

B+C=67（g）なので，A 1 個の重さは，
78−67=11（g）

解き方

1 みかんを 6 個増やすと，代金が 885 円から
1275 円になるので，みかん 1 個のねだんは，
（1275−885）÷6=65（円）
みかん 9 個とかごで 885 円だから，かごのねだんは，885−65×9=300（円）

2 ガム 2 個とあめ 3 個で 341 円，ガム 2 個とあめ 5 個で 451 円だから，あめ 1 個のねだんは，
（451−341）÷（5−3）=55（円）
ガム 1 個のねだんは，（341−55×3）÷2=88（円）

3 りんご 2 個のねだん＝みかん 3 個のねだん だから，りんご 4 個のねだんはみかん 6 個のねだんと同じです。よって，みかん 1 個のねだんは，
1120÷（6+8）=80（円）
りんご 1 個のねだんは，80×3÷2=120（円）

4 りんご 1 個とみかん 3 個を買うと 270 円なので，りんご 2 個とみかん 6 個を買うと，
270×2=540（円）になります。
りんご 2 個とみかん 4 個では 440 円なので，みかん 1 個のねだんは，
（540−440）÷（6−4）=50（円）
りんご 1 個のねだんは，270−50×3=120（円）

5 ノート 16 さつとえん筆 4 本で，
1120×2=2240（円），ノート 5 さつとえん筆 4 本で 920 円だから，ノート 1 さつのねだんは，
（2240−920）÷（16−5）=120（円）
えん筆 1 本のねだんは，
（920−120×5）÷4=80（円）

6 にんじん 1 本はじゃがいも 1 個より 20 円高いので，にんじん 2 本は，じゃがいも 2 個よりも 40 円高くなります。
にんじん 2 本とじゃがいも 3 個で 280 円。
これを，じゃがいもにおきかえると，じゃがいも 5 個で，（280−40）円となります。
よって，じゃがいも 1 個のねだんは，
（280−40）÷5=48（円）
にんじん 1 本のねだんは，48+20=68（円）

7 大人 1 人の料金は子ども 1 人の料金の 2 倍だから，大人 1 人の料金＝子ども 2 人の料金 となります。よって，大人 3 人と子ども 5 人の料金の 990 円は，子ども（6+5）人の料金と同じです。
したがって，子ども 1 人の料金は，
990÷11=90（円）
大人 1 人の料金は，90×2=180（円）

11〜16

ステップ 3　　74〜75 ページ

1 (1)39000 円　(2)117 個
2 (1)3420 万トン
　(2)下の図

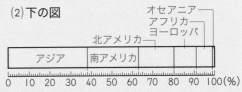

3 680 m²
4 (1)2000 円　(2)44400 円
5 10%
6 A 80g　B 120g　C 150g

解き方

1 (1)30 個までは 1 個 600 円，60 個までは 1 個 540 円，90 個までは 1 個 480 円です。
　600×30+540×30+480×10=39000（円）
　(2)30 個買うと 18000 円，60 個買うと 34200 円，90 個買うと 48600 円，120 個買うと 61200 円だから，90 個から 120 個の間です。
　90 個をこえた分は 1 個 420 円だから，
　60000−48600=11400
　11400÷420=27.1…より，90+27=117（個）

2 (1)9000 万×0.38=3420 万（トン）
　(2)帯グラフは，ふつう割合の大きい順に左からかきます。

3 A の面積より 57 m² 大きい面積は，全体の面積の 35% にあたります。
　B の面積より 23m² 小さい面積は，全体の面積の 70% にあたります。
　それらの面積の和は，全体の面積の
　35+70=105（%）になります。
　全体の面積の 105−100=5（%）が，
　57−23=34（m²）にあたるから，全体の面積は，
　34÷5×100=680（m²）

4 (1)1 個あたりの利益は，60000÷100=600（円）
　これが仕入れねの 3 割にあたるので，仕入れねは，600÷0.3=2000（円）
　(2)定価で売れたものの利益は，
　600×70=42000（円）
　2 割引きで売ったときの 1 個の売りねは，
　2000×（1+0.3）×（1−0.2）=2080（円）
　2 割引きで売ったものの利益は，
　（2080−2000）×（100−70）=2400（円）

19

よって，2月の利益は，
42000+2400=44400（円）

5 混ぜ合わせてできた 400 g の食塩水の濃さは，
(300×0.03+100×0.07)÷400×100=4（%）
取り出した食塩水 200 g にとけている食塩の重さは，200×4÷100=8（g）
混ぜ合わせてできた 6 % の食塩水の重さは，200+100=300（g）
その中の食塩の重さは，300×6÷100=18（g）
よって，濃さがわからない食塩水 100 g にとけている食塩の重さは，18-8=10（g）
この食塩水の濃さは，10÷100×100=10（%）

6 A 3個=B 2個 なので，A 15個=B 10個
A 5個と B 3個の重さの和が 760 g なので，A 15個と B 9個の重さの和は，
760×3=2280（g）
A 15個の重さは B 10個と同じ重さなので，B 10+9=19（個）の重さの和は，2280 g
よって，B 1個の重さは，2280÷19=120（g）
A 1個の重さは，120×2÷3=80（g）
A+B+C=350（g）なので，C 1個の重さは，
350-(80+120)=150（g）

17 速 さ

1 (1)時速 50 km　(2)分速 70 m
2 (1)4 km　(2)54 km
3 (1)25 分　(2)1 時間 40 分
4 (1)72　(2)900　(3)1800　(4)216　(5)3
　　(6)1.4
5 (1)秒速 19 m　(2)5 分 10 秒

解き方

1 速さ＝道のり÷時間 の公式を使います。
(1)時速，400÷8=50（km）
(2)3.5 km=3500 m
　　よって，分速，3500÷50=70（m）
2 道のり＝速さ×時間 の公式を使います。
(1)500×8=4000（m）→ 4 km
(2)45 分=$\frac{45}{60}$ 時間
　　72×$\frac{45}{60}$=54（km）
3 時間＝道のり÷速さ の公式を使います。
(1)1500÷60=25（分）

(2)30÷18=1$\frac{2}{3}$（時間）→ 1 時間 40 分
4 (3)108 km=108000 m より，分速，
　　108000÷60=1800（m）
(6)秒速，84÷60=1.4（m）
5 (1)3 分 20 秒=200 秒
　　よって，秒速，3800÷200=19（m）
(2)5890÷19=310（秒）→ 5 分 10 秒

1 2 時間 36 分 40 秒
2 9 時間 20 分
3 6$\frac{3}{4}$ km（6.75 km）
4 時速 3$\frac{3}{4}$ km（時速 3.75 km）
5 午前 10 時 9 分
6 (1)時速 80 km　(2)7 分間
7 (1)2 km　(2)7 時 48 分　(3)7 時 50 分

解き方

1 42.3 km=42300 m
42300÷4.5=9400（秒）
9400 秒=(2×3600+36×60+40) 秒
=2 時間 36 分 40 秒

2 歩く速さは，時速，15÷4=$\frac{15}{4}$（km）
よって，かかる時間は，
35÷$\frac{15}{4}$=9$\frac{1}{3}$（時間）→ 9 時間 20 分

3 はじめの 3 km を歩くのにかかる時間は，
3÷4=$\frac{3}{4}$（時間）
3×$\left(2-\frac{3}{4}\right)$=$\frac{15}{4}$ km
よって，3+$\frac{15}{4}$=6$\frac{3}{4}$（km）

4 上りにかかる時間は，3÷3=1（時間）
下りにかかる時間は，3÷5=$\frac{3}{5}$（時間）
したがって，上りと下りで (3+3) km の道のりを進むのに，$\left(1+\frac{3}{5}\right)$ 時間かかったから，平均時速は，6÷$\left(1+\frac{3}{5}\right)$=3$\frac{3}{4}$（km）=3.75（km）

ここに注意 平均の速さは，
(上りの時速+下りの時速)÷2=(3+5)÷2=4
より，時速 4 km
と求めてはいけません。

5 $4800÷60=80$（m）より，

時速 4.8 km＝分速 80 m

往復の道のりは，$3800×2=7600$（m）

分速 75 m で歩く道のりは，

$7600−80×35=4800$（m）

$4800÷75=64$（分）

$35+64=99$（分）

よって，8 時 30 分$＋99$ 分$＝10$ 時 9 分

6 (1) 45 分は時間に直すと，$45÷60=0.75$（時間）

よって，速さは，時速，$60÷0.75=80$（km）

(2) 時速 96 km は，分速に直すと，

$96÷60=1.6$（km）

分速 1.6 km で休けい所からおばあさんの家

まで走ると，$(188−60)÷1.6=80$（分）かか

ります。

よって，$132−(80+45)=7$（分）

7 (1) 兄が時速 8 km で家から学校まで行くのにか

かる時間は，7 時 50 分$−7$ 時 35 分$＝15$ 分

よって，家から学校までのきょりは，

$8×\dfrac{15}{60}=2$（km）

(2) 弟が家から学校まで行くのにかかる時間は，

$2÷10×60=12$（分）

よって，弟が家を出発したのは，

8 時$−12$ 分$＝7$ 時 48 分

(3) 兄が時速 12 km で家から学校まで行くのに

かかる時間は，$2÷12×60=10$（分）

よって，兄が再び家を出発したのは，

8 時$−10$ 分$＝7$ 時 50 分

$5÷20−5÷30=\dfrac{1}{4}−\dfrac{1}{6}=\dfrac{1}{12}$（時間）

$\dfrac{1}{12}$ 時間$＝60×\dfrac{1}{12}$ 分$＝5$ 分

3 姉が出発するまでに弟が歩いた道のりは，

$60×15=900$（m）

$900÷(180−60)=7.5$（分）

7.5 分$＝7$ 分 30 秒

4 (1) 5 km を自転車は 25 分で，バイクは

$19−9=10$（分）で進むから，

自転車は，時速，$5÷\dfrac{25}{60}=12$（km）

バイクは，時速，$5÷\dfrac{10}{60}=30$（km）

(2) 自転車が出発してから 9 分後にバイクが追い

かけるから，

$\left(12×\dfrac{9}{60}\right)÷(30−12)=\dfrac{9}{5}÷18=\dfrac{1}{10}$（時間）

よって，$30×\dfrac{1}{10}=3$（km）

5 (1) 兄は家から学校まで行くのに，

$1400÷70=20$（分）かかるので，学校には

8 時 20 分に着きます。

妹は学校まで $1400÷50=28$（分）かかるの

で，8 時 20 分に学校に着くためには 28 分

前の 7 時 52 分に家を出なければなりません。

(2) 兄が家を出るとき妹は，$50×5=250$（m）先

にいます。兄が妹に追いつくには，

$250÷(70−50)=12.5$（分）かかるので，追

いつく時刻は，

8 時 5 分$＋12.5$ 分$＝8$ 時 17 分 30 秒

---

18 旅人算

ステップ 1~2　　　　　80~81ページ

1 50 秒後

2 (1) 10 km　(2) 5 分後

3 7 分 30 秒後

4 (1) 自転車 時速 12 km　バイク 時速 30 km

(2) 3 km

5 (1) 7 時 52 分　(2) 8 時 17 分 30 秒

🔑 **解き方**

1 $450÷(5+4)=450÷9=50$（秒後）

2 (1) $(20+30)×\dfrac{12}{60}=10$（km）

(2) 真ん中までの道のりは，$10÷2=5$（km）

---

19 流水算

ステップ 1~2　　　　　82~83ページ

1 時速 18 km

2 4 時間

3 毎時 2 km

4 分速 $33\dfrac{1}{3}$ m

5 (1) A 町が川上。A 町から B 町に行くときの

ほうが，かかる時間が短いから。

(2) 時速 9 km

(3) 時速 1 km

6 48 分

解き方（左列）

1 上りの時速は，30÷2＝15 (km)

上りの速さは，川の流れの時速 3 km だけおそくなっているので，静水時の時速は，

15＋3＝18 (km)

2 下りの時速は，32÷2＝16 (km)

この船の静水時の時速は 12 km だから，川の流れの時速は，16−12＝4 (km)

上りの時速は，12−4＝8 (km)

よって，上るのにかかる時間は，

32÷8＝4 (時間)

3 行きは，2 時間 30 分＝$\frac{5}{2}$ 時間，帰りは，

1 時間 40 分＝$\frac{5}{3}$ 時間 かかるので，行きの速さ

は，時速 20÷$\frac{5}{2}$＝8 (km) で，帰りの速さは，

時速 20÷$\frac{5}{3}$＝12 (km)

よって，川の流れの時速は，

(12−8)÷2＝2 (km)

4 4.8 km＝4800 m

上りの分速は，4800÷36＝$\frac{400}{3}$ (m)

下りの分速は，4800÷24＝200 (m)

よって，川の分速は，

$\left(200−\frac{400}{3}\right)÷2＝\frac{100}{3}＝33\frac{1}{3}$ (m)

5 (1)グラフより，A 町から B 町までは 4 時間，B 町から A 町までは 9−4＝5 (時間) かかり，A 町から B 町に向かうほうが速いので，A 町が川上になります。

(2)下りの時速は，40÷4＝10 (km)

上りの時速は，40÷5＝8 (km)

よって，静水での時速は，

(10＋8)÷2＝9 (km)

(3)川の流れの時速は，10−9＝1 (km)

6 通常，上りの時速は，8÷2＝4 (km)

下りの時速は，8÷$\frac{40}{60}$＝12 (km)

川の流れの時速は，(12−4)÷2＝4 (km)

静水時の船の時速は，4＋4＝8 (km)

増水すると，川の流れの時速は，4×1.5＝6 (km)

上りの時速は 8×2＝16 (km) だから，かかる時間は，8÷(16−6)＝0.8 (時間) より，

60×0.8＝48 (分)

20 通過算

ステップ 1～2　　　　84～85ページ

1 分速 360 m

2 6 秒

3 5 秒

4 196 m

5 速さ 秒速 40 m　列車の長さ 360 m

6 (1)秒速 16 m　(2)700 m

解き方（右列）

1 この列車が橋をわたり始めてからわたり終わるまでに進む長さは，橋の長さと列車の長さの和なので，368＋100＝468 (m)

よって，この列車の秒速は，468÷78＝6 (m)

分速は，6×60＝360 (m)

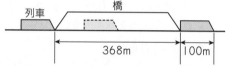

2 時速 72 km を，秒速に直すと，

72×1000÷60÷60＝20 (m)

よって，長さ 120 m の列車が地点 A を通過する時間は，120÷20＝6 (秒)

3 2 つの電車の速さの和は，時速，

100＋80＝180 (km)

これを秒速に直すと，

180×1000÷60÷60＝50 (m)

すれちがう時間は，(150＋100)÷50＝5 (秒)

4 電車の秒速は，840÷60＝14 (m)

よって，14×10＋56＝196 (m)

5 列車の長さとトンネルの長さをあわせた長さを進むのに 30 秒，列車の長さと鉄橋の長さをあわせた長さを進むのに 51 秒かかることになります。鉄橋の長さは，トンネルの 2 倍の長さだから，51−30＝21 (秒) は，ちょうどトンネル 1 つ分の長さ 840 m を進んだ時間になります。

よって，列車の秒速は，840÷21＝40 (m)

列車の長さは，40×30−840＝360 (m)

6 (1)B の速さを秒速①とすると，A の速さは秒速⓪.8 です。

A が 50×2＝100 (秒) で進む長さと，B が 74 秒で進む長さの差は，

⓪.8×100−①×74＝⑧⓪−⑦④＝⑥

これが 100×2−80＝120 (m) にあたるから，B の秒速は，120÷6＝20 (m)

よって，Aの秒速は，0.8×20=16（m）
(2)トンネルPの長さは，
16×50−100=700（m）

21 時計算

ステップ 1～2　　　86〜87ページ

1 70°

2 141°

3 135°

4 17°

5 1時間 5$\frac{5}{11}$ 分後

6 22回

7 午前 10 時 54 分 32$\frac{8}{11}$ 秒

8 4 時 54$\frac{6}{11}$ 分

9 7 時 32$\frac{4}{13}$ 分

解き方

1 6時ちょうどのとき，長針と短針の間の角度は，
180°
長針は1分間に 360°÷60=6°，短針は1分間
に 30°÷60=0.5° 進むので，長針と短針は1分
間に 6°−0.5°=5.5° ずつ近づきます。
よって，6時20分の角度は，
180°−5.5°×20=70°

2 8時のとき，長針と短針の間の角度は，240°
よって，8時18分の角度は，
240°−5.5°×18=141°

3 1時30分のとき，長針は文字ばんの「12」の目
もりから 180° のところにあります。
短針は，1時のとき，「12」から 30° のところに
あり，30分で 0.5°×30=15° 進みます。
よって，長針と短針がつくる角度は，
180°−(30°+15°)=135°

4 2時から2時14分までに，長針は文字ばんの
「12」の目もりから 6°×14=84°，短針は
「12」から 60°+0.5°×14=67° 進みます。
よって，長針と短針が作る小さいほうの角度は，
84°−67°=17°

5 長針と短針が 360° はなれている状態から，に
げる短針を長針が追いかけると考えると，360°
を1分で 6°−0.5°=5.5° ずつちぢめていくので，

その時間は，360÷5.5=360÷$\frac{11}{2}$=65$\frac{5}{11}$（分）
65$\frac{5}{11}$ 分=1時間 5$\frac{5}{11}$ 分

6 長針と短針が1度重なった後，もう1度重なる
のは，65$\frac{5}{11}$ 分後。24 時間では，
60×24÷65$\frac{5}{11}$=1440÷$\frac{720}{11}$=22（回）

7 午前 10 時から午前 11 時の間で，長針と短針が
重なるのは，長針が短針に追いつくときです。
その角度は，午前 10 時の大きいほうの角度で，
30°×10=300°
それを 6°−0.5°=5.5° ずつちぢめていくので，
300÷5.5=54$\frac{6}{11}$（分後）→ 54 分 32$\frac{8}{11}$ 秒後
よって，午前 10 時 54 分 32$\frac{8}{11}$ 秒

8 4 時のときの長針と短針の間の角度は，
30°×4=120°
長針と短針が一直線になって反対方向をさすに
は，長針が短針を追いこして，180° になるとき
なので，4 時の時点で長針が進む角度は，120°
と 180° の和になります。
短針も動くので，その時間は，
(120+180)÷(6−0.5)=300÷$\frac{11}{2}$
=54$\frac{6}{11}$（分後）
よって，4 時 54$\frac{6}{11}$ 分

9 求める時こくを7時□分とします。
短針は1分間に 0.5° だけ進み，長針は1分間に
6° だけ進むから，
0.5×□=210−6×□　6.5×□=210
よって，□=32$\frac{4}{13}$

17～21
ステップ 3　　　88〜89ページ

1 7 時間 15 分

2 (1)340 m　(2)6120 m

3 2 時 11 分

4 (1)21 km　(2)分速 50 m　(3)18.45 km

5 (1)120 m　(2)14 秒

解き方

1 2日あわせると，上りも下りも 20.4 km ずつ歩
いたことになります。

上りにかかる時間は，20.4÷2.4=8.5（時間）
下りにかかる時間は，
20.4÷4.8=4.25（時間）
したがって，帰りは，
8.5+4.25−5.5=7.25（時間）→ 7 時間 15 分

2 (1)Aさんは Bさんと出会ってから 2 分後に Cさ
んに出会っているから，AさんとCさんは
（100+70）×2=340（m）はなれていました。

(2)(1)より，AさんとBさんが出会う時間は，B
さんとCさんの差が 340 m になる時間と同
じだから，その時間は，
340÷（80−70）=34（分）
よって，P 町から Q 町までの道のりは，
（100+80）×34=6120（m）

3 0 時 0 分を 1 回目とするので，3 回目に重なる
のは，長針が 2 回転したときになります。
また，長針と短針は 1 分間に 6°−0.5°=5.5° ず
つ近づいていきます。
よって，3 回目に重なるのは，
（360×2）÷5.5=130.9…（分後）
小数第 1 位を四捨五入するので，131 分後にな
ります。
0 時 0 分から 131 分後は，2 時 11 分です。

4 (1)川の流れの速さを分速□mとすると，A 地か
ら B 地までのきょりは，
{（200+□）+（400−□）}×35=600×35
=21000（m）→ 21 km

(2)船 P は 21000 m を 35+49=84（分）で進
んだから，分速は，
21000÷84=250（m）
よって，200+□=250 だから，
□=250−200=50

(3)(2)より，船 P が A 地から B 地に着くまでにか
かる時間は，84 分。
船 Q が B 地から A 地に着くまでにかかる時間
は，21000÷（400−50）=60（分）
よって，出発して 84 分後に，船 Q は A 地から
（400+50）×（84−60）=10800（m）進んだ
ところにいます。
よって，船 P と船 Q が 2 度目にすれちがうの
は，出発して 84 分後から，
（21000−10800）÷{（200−50）+（400+50）}
=10200÷600=17（分後）
よって，2 度目にすれちがう地点の A 地から
のきょりは，
（400+50）×（84−60+17）=18450（m）
→ 18.45 km

5 急行列車が，A 列車，B 列車とすれちがう時間を，
A 列車の長さを□mとして図に表すと，次のよ
うになります。

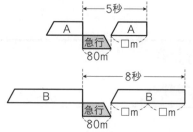

(1)図から，急行と A 列車または急行と B 列車が
合わせて□m 進むには，
8−5=3（秒）かかるので，急行列車と A 列車
が合わせて 80 m 進むには，5−3=2（秒）か
かります。
よって，急行列車と A 列車の速さを合わせる
と秒速 80÷2=40（m）だから，急行と A 列
車は 5 秒で合わせて 40×5=200（m）進み
ます。
A 列車の長さは，200−80=120（m）

(2)(1)と条件より，急行列車と C 列車の速さを合
わせると秒速 40 m だから，C 列車とすれち
がうのにかかる時間は，
（80+120×4）÷40=14（秒）

22 合同な図形

1 アとケ，ウとサ，エとチ，オとキとセ，
カとコ，クとシとス

2 (1)①ア　②オ
(2)①辺ウイ　②辺エカ
(3)①角イ　②角カ

3 省略

解き方

2 対応する頂点を見つけます。

	①	②
A	ア	オ
B	ウ	エ
C	イ	カ

この表をもとにすると，対応する辺は，対応する
頂点と頂点を結んだ辺として見つけられます。
対応する角も対応する頂点にできた角です。

3 (1) 2cm の辺 AB をかきます。次にコンパスで点 A を中心に半径 3cm の円をかきます。点 B を中心に半径 4.5cm の円をかきます。2 つの円の交わった点と A，B とを結びます。

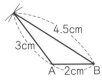

(2) 3.5cm の辺 AB をかきます。点 A に 60° の角をとり，線をのばします。点 B に 50° の角をとり，線をのばして，交わった点を見つけます。

(3) 3cm の辺 AB をかきます。点 A に 40° の角をとり，線をのばして，4cm の辺 BC をかきます。点 B と点 C を結びます。

ステップ2　　　　　　92〜93ページ

1 (1) ア，イ，ウ，エ
(2) イ，ウ
(3)

上底，下底の真ん中の点を結んだ点線で切ります。

2 (1) はかる場所… 対角線 AC の長さ（対角線 BD の長さや，角 A，角 B，角 C，角 D いずれか 1 つの大きさを答えてもよいです。対角線の長さか角の大きさを 1 か所はかればかくことができます。）
図…省略

(2) （例）三角形 ABC と三角形 ACD に分けると，辺 AC をはかれば，三角形 ABC と三角形 ACD がきまるので，四角形 ABCD がかけることになります。

3 アとオ，イとエ

4 (1) 半径(直径)
(2) 1 辺の長さ
(3) 1 辺の長さと 1 つの角の大きさ（2 本の対角線の長さでも，1 本の対角線の長さと 1 つの角の大きさでもよいです。）
(4) たてと横の長さ（1 本の対角線の長さと対角線がつくる角の大きさでも，1 本の対角線の長さと対角線と辺がつくる 1 つの角の大きさでもよいです。）

5

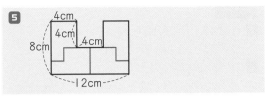

解き方

3 それぞれの図をかいてみましょう。

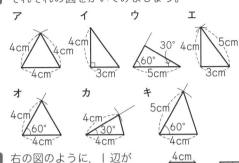

5 右の図のように，1 辺が 2cm の正方形に区切って考えると，わかりやすくなります。

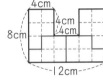

正方形の数は全部で 20 個です。
20÷4=5 より，正方形 5 個からなる形で各区画が合同になるように分けます。

23 円と多角形

ステップ1　　　　　　94〜95ページ

1 (1) 25.12cm　(2) 2cm
2 (1) 172.7cm　(2) 17.27m
3 51.4cm
4 (1)

5 (1) 円の半径
(2) 正三角形
理由… （例）半径の長さは等しいから，
OA=OB
AB と半径の長さは等しいから，
OA=OB=AB
よって，3 つの辺の長さが等しいから。
(3) 9 本

❶ (1)8×3.14=25.12 (cm)

(2)12.56÷3.14÷2=2 (cm)

❷ (1)55×3.14=172.7 (cm)

(2)172.7×10=1727 (cm) → 17.27 m

❸ 円周の一部と直線の部分をたします。

20×3.14÷2+20=51.4 (cm)

❹ (1)正五角形の1つの中心角は，360°÷5=72°
中心から72°ずつくぎった半径をかいて，それぞれの半径と円周が交わる点を結ぶと，正五角形ができます。

(2)正八角形の1つの中心角は，360°÷8=45°
中心から45°ずつくぎった半径をかいて，それぞれの半径と円周が交わる点を結ぶと，正八角形ができます。

❺ (3)1つの頂点から対角線は 6−3=3 (本) ひくことができて，頂点は6個あるから，全部で
3×6÷2=9 (本) ひけます。

ステップ2 96〜97ページ

❶ 13.925 cm

❷ (1)6.28 cm (2)6.28 cm

❸ 46.68 cm

❹ 33.12 cm

❺ (1)4 組 (2)24 個

❻ (1)2 cm (2)0.28 cm

❶ 360÷45=8

5×2×3.14÷8+5×2=3.925+10
=13.925 (cm)

> **ここに注意** おうぎ形のまわりの長さは，円周の一部(弧)だけではありません。直線の部分(半径)をわすれないようにしましょう。

❷ (1)(9×2)×3.14=56.52 (cm)
(10×2)×3.14=62.8 (cm)
62.8−56.52=6.28 (cm)

(2)(15×2)×3.14=94.2 (cm)
(16×2)×3.14=100.48 (cm)
100.48−94.2=6.28 (cm)

別解 直径の差×3.14 になり，
(1)(20−18)×3.14 (2)(32−30)×3.14
で，どちらも 6.28 cm

❸ 3つのおうぎ形は，すべて中心角が120°であるから，曲線部分は，

(3×2×3.14+6×2×3.14+9×2×3.14)÷3
=(6+12+18)×3.14÷3=37.68 (cm)
よって，求める長さは，37.68+9=46.68 (cm)

❹ 大きい半円の直径は，BE=10 cm，小さい半円の直径は，AD=6 cm です。円周部分と直線部分（AB+DE）の和になるから，
10×3.14÷2+6×3.14÷2+4×2
=(10+6)×3.14÷2+8=8×3.14+8
=25.12+8=33.12 (cm)

❺ (1)互いに向かい合う辺が平行だから，
8÷2=4 (組)

(2)1つの頂点を頂角（長さの等しい辺ではさまれた角）とする二等辺三角形は3個できるから，3×8=24 (個)

❻ 右の図のように，円の直径は正方形の1辺の長さと同じ2 cm，半径は1 cm，正六角形の1辺の長さは円の半径に等しいから1 cm です。

(1)正方形のまわりの長さは，2×4=8 (cm)
正六角形のまわりの長さは，1×6=6 (cm)
よって，8−6=2 (cm)

(2)円周の長さは，2×3.14=6.28 (cm)
よって，6.28−6=0.28 (cm)

---

24 図形の角

ステップ1 98〜99ページ

❶ (1)70° (2)30° (3)65°

❷ (1)85° (2)110°

❸ 110°

❹ (1)60° (2)角⑦ 60° 角④ 30°
(3)角⑦ 30° 角④ 70°

❺ 75°

❻ (1)5 個 (2)900°

❶ 三角形の3つの角の和は 180° です。

(1)180°−(45°+65°)=70°

(2)180°−(90°+60°)=30°

(3)角⑦と角④の和は 180°
25°+40°+角④=180° だから，
角④=115°

角⑦＝180°－115°＝65°

別解　三角形の外側の角は，それととなり合わ
ない内側の2つの角の和に等しいから，
角⑦＝25°＋40°＝65°

┌─ **ここに注意** ─ 三角形の外側の角⑨は，いつ
│ でも内側の2つの角⑦と①の和
│ になります。
│ 　　角⑨＝角⑦＋角①
└─────────────────────

2 四角形の4つの角の和は360°です。
(1) 360°－(65°＋70°＋140°)＝85°
(2) 360°－(80°＋90°＋120°)＝70°
　　180°－70°＝110°

3 右の図で，三角形 ABD
の角 B は40°，角 D は
30°です。
角⑦＝180°－(30°＋40°)
　　＝110°

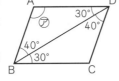

4 (1) 正三角形だから，180°÷3＝60°
(2) 三角形 ADC は，AD＝AC より二等辺三角形
　　だから，角 ADC＝60°
　　角⑦＝180°－(60°＋60°)＝60°
　　三角形 ABC で，
　　角①＝180°－(60°＋90°)＝30°
(3) 三角形 ABD で，
　　角⑦＝180°－(60°＋90°)＝30°
　　50°－30°＝20°
　　三角形 DBC で，
　　角①＝180°－(90°＋20°)＝70°

5 三角定規だから，次の図の三角形 ABC で，
角 ABC＝45°，角 ACB＝30°
三角形の3つの角の和は180°なので，
角 BAC＝180°－(45°＋30°)＝105°
角⑦＋105°＝180° だから，
角⑦＝180°－105°＝75°

別解　三角形の外側の角は，
それととなり合わない内側
の2つの角の和に等しいか
ら，45°＋30°で求められ
ます。

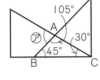

6 (1) 多角形の1つの頂点から対角線をひくとき，
　　できる三角形の数は，**頂点の数－2** で求めら
　　れます。
(2) 多角形の内角の和は，180°×(頂点の数－2)
　　で求められるから，180°×5＝900°

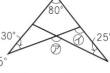 **ステップ2**　　　　　　　　　　　100～101ページ

1 (1) 51°　(2) 111°　(3) 135°
2 40°
3 74°
4 16°
5 角⑦ 140°　角① 15°　角⑨ 50°
6 (1) 二等辺三角形　(2) 37°　(3) 43°
7 75°
8 (1) 135°　(2) 22.5°

解き方

1 (1) 135°－84°＝51°
(2) 360°－54°－90°－(180°－75°)＝111°
(3) 右の図で，
　　角①＝80°＋30°
　　　　＝110°
　　角⑦＝110°＋25°＝135°

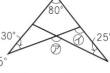

2 四角形 DBCE は平行四辺形だ
から，角 B＝70°
三角形 ABC は二等辺三角形だ
から，角 ACB＝70°
よって，
角⑦＝180°－70°×2＝40°

3 右の図で 角⑦＋角⑨＝90°，
角①＋角⑨＝90° より，角⑦
は角①と大きさが等しいから，
180°－(61°＋45°)＝74°

4 正五角形の内角の大きさは，
180°×(5－2)÷5＝108°
角⑦＋20°＋(360°－108°)＋(180°－108°)＝360°
よって，角⑦＝108°＋108°－20°－180°＝16°

5 角⑦＝180°－(15°＋25°)＝140°
角①は，平行線の角から15°になります。
角⑨＝180°－(115°＋15°)＝50°

6 (2) 半径によって二等辺三角形ができるので，
　　角⑦＝(180°－106°)÷2＝37°
(3) 右の図で，
　　角①＝(180°－37°×2
　　　　　－10°×2)÷2
　　　　＝43°

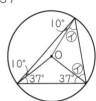

7 三角形 EBC において
角 EBC＝角 BCE＝45°，
三角形 ECD において
角 ECD＝60° だから，
平行四辺形 ABCD にお

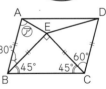

27

いて，角 BCD＝45°+60°=105°
平行四辺形のとなり合う角の和は 180° だから，
角 ABC＝180°−105°=75°
よって，角 ABE＝75°−45°=30°
また，平行四辺形の向かい合う辺の長さは等しいので，BA＝CD＝CE＝BE より，三角形 ABE は二等辺三角形だから，
角㋐＝(180°−30°)÷2=75°

8 (1)正八角形の１つの内角は，
180°×(8−2)÷8=135°

(2)右の図で，角㋑＝角㋒
角㋑＋角㋒＝360°÷8
　　　　　=45°
だから，
角㋑＝45°÷2=22.5°

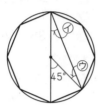

---

4 四角形 ABCD の面積から三角形 MBC と NDC，AMN の面積をひきます。
24×24−24×12÷2−24×12÷2−12×12÷2=576−144×2−72=216 (cm²)

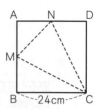

ステップ2　　　　　　104〜105ページ

1 (1)39 cm²　(2)6 cm²
2 4 cm²
3 (1)6 cm²　(2)3 cm²　(3)11.5 cm²
4 96 cm²
5 20 cm²
6 224 cm²
7 12 cm²
8

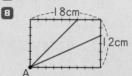

理由…(例)長方形の面積を３等分すると，その１つ分は，18×12÷3=72 (cm²)
72×2÷12=12 (cm) より，18 cm の辺の，左から 12 cm の目もりとAを結びます。
72×2÷18=8 (cm) より，12 cm の辺の，下から 8 cm の目もりとAを結びます。

🖐解き方

1 (1)14×2÷2+5×10÷2=39 (cm²)
(2)右の図のように，
EC＝DC＝AB＝4 cm
AE＝AD＝8 cm
EF＝8−5=3 (cm)
よって，色のついた
部分の面積は，
3×4÷2=6 (cm²)

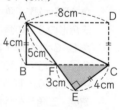

2 右の図のように斜線部分の面積は等しいから，色のついた部分の面積は，
正方形の $\frac{1}{4}$ になります。
よって，4×4×$\frac{1}{4}$=4 (cm²)

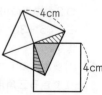

3 (1)3×4÷2=6 (cm²)
(2)2×3÷2=3 (cm²)
(3)4×4−2×3÷2−1×3÷2=11.5 (cm²)

---

25 三角形の面積

ステップ1　　　　　　102〜103ページ

1 (1)75 cm²　(2)60 cm²　(3)6 cm²
(4)135 cm²
2 (1)40　(2)30
3 (1)156 m²　(2)188 m²
4 216 cm²

🖐解き方

1 三角形の面積＝底辺×高さ÷2
(1)15×10÷2=75 (cm²)
(2)10×12÷2=60 (cm²)
(3)3×4÷2=6 (cm²)
(4)15×18÷2=135 (cm²)

> **ここに注意** (3)の 5 cm の辺，(4)の 34 cm
> の辺は，どちらもすぐに高さがわからないので，
> 面積を求める計算には使いません。

2 (1)□×28÷2=560 より，
□=560×2÷28=40
(2)23×□÷2=345 より，
□=345×2÷23=30
3 (1)24×9÷2=108 (m²)　24×4÷2=48 (m²)
108+48=156 (m²)
(2)15×8÷2=60 (m²)　16×11÷2=88 (m²)
16×5÷2=40 (m²)
60+88+40=188 (m²)

4 右の図で，三角形 ABC と三角形 ABD は同じ面積なので，正方形の面積から三角形 2 つ分の面積をひいて求めます。

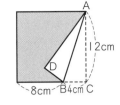

$12×12−4×12÷2×2$
$=144−48=96$（cm²）

5 右の図のように三角形 ACD を折りかえすと，辺 DC は辺 EC に重なり，三角形 ABE と三角形 AEC と三角形 ACD は同じ面積になります。

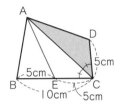

よって，60÷3=20（cm²）

6 右の図で三角形 CEF の面積は，
$(32×32÷2)÷2$
$=256$（cm²）
三角形 BEG の面積は，
$8×8÷2=32$（cm²）

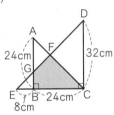

よって，色のついた部分の面積は
$256−32=224$（cm²）

7 右の図のように，色のついた部分を 2 つの直角三角形に分けます。

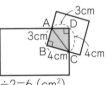

三角形 ADC の面積は，
$(12−9)×(8−4)÷2=3×4÷2=6$（cm²）
三角形 ABC の面積は，
$(6−3)×(6−2)÷2=3×4÷2=6$（cm²）
よって，色のついた部分の面積は，
$6+6=12$（cm²）

8 長方形の面積を 3 等分すると，
$18×12÷3=72$（cm²）

右の図のように，三角形 ABE を考えると，
BE の長さは，$72×2÷12=12$（cm）
三角形 ADF を考えると，DF の長さは，
$72×2÷18=8$（cm）

26 四角形の面積

ステップ **1** 　　　　106～107ページ

1 (1)60 cm²　(2)300 cm²

---

2 (1)30 cm²　(2)12 cm²

3 (1)70 cm²　(2)95 cm²

4 24.5 cm²

5 (1)24　(2)35

6 42.5 m²

解き方

1 (1)$10×6=60$（cm²）
　(2)$10×30=300$（cm²）

2 (1)$5×2=10$（cm）　$3×2=6$（cm）
　　$10×6÷2=30$（cm²）
　(2)$6×4÷2=12$（cm²）
　別解　(1)$3×5÷2×4=30$（cm²）
　(2)$6÷2=3$（cm）　$4÷2=2$（cm）
　　$3×2÷2×4=12$（cm²）
　どちらも，直角三角形 4 つと考えた場合です。
　三角形の面積は 底辺×高さ÷2 で求められます。

3 台形の面積＝(上底＋下底)×高さ÷2
　(1)$(8+12)×7÷2=70$（cm²）
　(2)$(6+13)×10÷2=95$（cm²）

4 正方形はひし形のなかまなので，ひし形の面積の公式で求めます。
　$7×7÷2=24.5$（cm²）

5 (1)$20×□=480$ より，$□=480÷20=24$
　(2)$□×20=700$ より，$□=700÷20=35$

6 $(2+6.5)×5=8.5×5=42.5$（m²）

ステップ **2** 　　　　108～109ページ

1 160 m²

2 4 cm²

3 4.5 cm

4 54 cm²

5 (1)17.5 cm²　(2)52.5 cm²

6 24 cm²

7 9 cm²

解き方

1 右の図のように，道路の部分をはしに移して求めます。

　$(12−2)×(18−2)$
　$=160$（m²）

2 正方形の中に，各辺の真ん中の点を結んで正方形をつくると，その面積はもとの正方形の面積の半分になります。
　$4×4÷2=8$（cm²）　$8÷2=4$（cm²）
　$8−4=4$（cm²）

3 (3+6)×5÷2=22.5（cm²）
22.5÷5=4.5（cm）

4 (5×6)×2－4×3÷2=54（cm²）

5 (1)紙をはり合わせたときの底辺は，
3+(3－1)×(3－1)=7（cm）
よって，面積は，7×2.5=17.5（cm²）
(2)底辺は，3+(3－1)×(10－1)=21（cm）
よって，面積は，21×2.5=52.5（cm²）

6 三角形を上に，四角形を下に移動して，三角形の
頂点を長方形の左上の頂点に移動します(底辺と
高さは変わらないので，面積も変わりません)。
色のついた部分の面積
は，右の図の台形の面
積と同じになるから，
(4+2)×8÷2=24（cm²）

7 右の図のように平行な直
線をひいて8つの三角形
に分け，面積が等しい三
角形に同じ印をつけると，
色のついた部分の面積は，
○＋□={(×＋○)+(△＋□)}－(×＋△)
=(5+8)－4=9（cm²）

27 立体の体積

ステップ1
110〜111ページ

1 (1)1440 cm³　(2)512 cm³
2 (1)47.25 m³　(2)216 m³
3 (1)㋐12　㋑18　㋒24　㋓30　㋔36
(2)△=6×□
(3)2倍，3倍，……になる
4 (1)たて10 cm　横14 cm　深さ7 cm
(2)980 cm³
5 900 cm³

解き方
1 (1)直方体の体積=たて×横×高さ
12×15×8=1440（cm³）
(2)立方体の体積=1辺×1辺×1辺
8×8×8=512（cm³）
2 (1)2.7×3.5×5=47.25（m³）
(2)6×6×6=216（m³）
3 (2)△=2×3×□=6×□
(3)△=6×□ だから，□が2倍，3倍，……にな

ると，△も2倍，3倍，……になります。

4 (1)板の厚さは，たて，横については，それぞれ両
側の1 cmずつで2 cmとりますが，深さにつ
いては，底の厚さだけで1 cmとります。
(2)10×14×7=980（cm³）
5 石の体積は，水の深さが増えた分の体積におき
かえられます。水の深さは18－15=3（cm）
だけ増えたので，15×20×3=900（cm³）

ステップ2
112〜113ページ

1 (1)2000000　(2)3000　(3)5.7　(4)4.8
2 (1)480 cm³　(2)8倍
3 8 cm
4 60 cm³
5 (1)4200 cm³　(2)1800 cm³
6 てん開図(B)　容積1056 cm³
7 (1)12.5 cm　(2)180 cm³

解き方
1 1 m³=1 m×1 m×1 m
=100 cm×100 cm×100 cm=1000000 cm³
1 L=10 cm×10 cm×10 cm=1000 cm³
2 (1)8×10×6=480（cm³）
(2)16×20×12=3840（cm³）
3840÷480=8（倍）
別解 (2)すべて2倍になっているので，
2×2×2=8（倍）
3 1 L=1000 cm³ だから，
1000÷(12.5×10)=8（cm）
4 できあがる立体は直方
体になります。組み立
てたときに重なる辺や
向かいあう辺の長さは
同じだから，右の図の
ように同じ印のついた辺は同じ長さになります。
よって，必要な長さはそれぞれ，
10－7=3（cm）…△の長さ
7－3=4（cm）…○の長さ
8－3=5（cm）…□の長さ
したがって，体積は，
3×4×5=60（cm³）

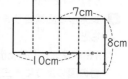

5 (1)角柱の体積=底面積×高さ を使います。
10×30+10×(30－18)=420（cm²）
420×10=4200（cm³）
(2){20×10－(20－5－5)×5}×12=1800（cm³）
6 (A)…16×26×2=832（cm³）

30

(B)…12×22×4=1056 (cm³)

(C)…8×18×6=864 (cm³)

7 (1)12×15×10=1800 (cm³)…水の量

12×15−6×6=144 (cm²)…底面積

1800÷144=12.5 (cm)

(2)(12×15−6×6×2)×15

=1620 (cm³)…水のはいる量

1800−1620=180 (cm³)

28 角柱と円柱

ステップ1 　　　114〜115ページ

1 ア 三角柱　イ 円柱　ウ 底面　エ 側面
オ 辺　カ 頂点

2 (1)面 DEF
(2)面 ABC，面 DEF，面 ADFC
(3)辺 AD

3 ①四角柱　②8　③12　④6　⑤四角形
⑥長方形　⑦五角柱　⑧10　⑨15　⑩7
⑪五角形　⑫長方形　⑬三角柱　⑭6
⑮9　⑯5　⑰三角形　⑱長方形

4 (1)円
(2)(例)たての長さは円柱の高さに等しいか
ら，5 cm
横の長さは底面の円の周の長さに等しい
から，2×2×3.14=12.56 (cm)

解き方

2 (1)角柱の2つの底面は平行になります。

3 角柱について，次のことが成り立ちます。
頂点の数=1つの底面の頂点の数×2
辺の数=1つの底面の頂点の数×3
面の数=1つの底面の頂点の数+2

ステップ2 　　　116〜117ページ

1 (1)三角柱
(2)四角柱(直方体)
(3)円柱

2 (1)六角柱　(2)面キ

3 (1)右の図
(2)24 cm

4 アを2まい，ウを3まい

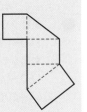

5 (1)
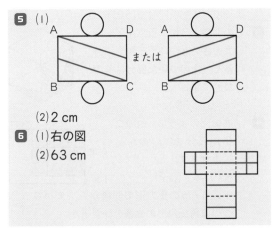
A　　　D　　　　　A　　　D

または

B　　　C　　　　　B　　　C

(2)2 cm

6 (1)右の図
(2)63 cm

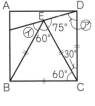

解き方

3 (1)底面は直角三角形です。3つの側面のうち，1
つは1辺が6 cm の正方形，残り2つは長方
形になっています。
(2)底面は3辺の長さが6 cm，8 cm，10 cm の
直角三角形だから，6+8+10=24 (cm)

5 (2)AD は底面の円周の長さに等しいから，
12.56÷3.14÷2=2 (cm)

6 (2)7×4+5×4+15=63 (cm)

22〜28
ステップ3 　　　118〜119ページ

1 角㋐ 75°　角㋑ 45°

2 70°

3 738 cm²

4 (1)42 cm²　(2)6 cm²

5 (1)512 cm³　(2)2 本

6 13.6 cm

解き方

1 三角形 BCE は正三角形より，
角 BEC=60°
三角形 CED は CE=CD よ
り，二等辺三角形。
角 DCE=90°−60°=30°
角㋐=(180°−30°)÷2=75°
よって，角㋑=180°−(60°+75°)=45°

2 右の図のように折りかえし
たことから，
角㋑=55°
角 ABC=180°−(55°+55°)
=70°
三角形の内側の角の和は180°だから，
角 ACB=180°−(90°+70°)=20°

31

よって，角⑦＝180°−(90°＋20°)＝70°

3 右の図のように，正六角形を同じ大きさの6つの正三角形に分けると，色のついた部分はその1つ分です。
123×6＝738 (cm²)

4 (1)右の図のように，色のついた部分を1つのかどによせます。
6×7＝42 (cm²)
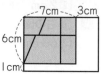

(2)1辺4cmの正方形の面積から，まわりの3つの直角三角形の面積をひきます。
4×4−(2×4÷2)×2−2×2÷2＝6 (cm²)

5 (1)この立体は底面が台形の四角柱です。台形の面積は，
(4＋12)×8÷2＝64 (cm²)
高さは8cmだから，体積は，64×8＝512 (cm³)

別解 切りとる三角柱の体積は，
8×8÷2×8＝256 (cm³)
よって，12×8×8−256＝512 (cm³)

6 8L＝8000 cm³
12cmの高さまでの容積は，
18×35×12＝7560 (cm³)
よって，12cmより上の部分の深さは，
(8000−7560)÷{18×(35−20)}
＝440÷270＝1.6̇2̇… (cm)
求める深さは，12＋1.6＝13.6 (cm)

総復習テスト① 120〜121ページ

1 (1)4 (2)0.41余り0.001 (3)$2\frac{1}{12}$

(4)$4\frac{13}{30}$

2 (1)1辺が6cmの立方体が240個
(2)7200個

3 (1)57° (2)78° (3)65°

4 128 cm

5 (1)157.5 cm³ (2)78 cm³

6 毎時5km

7 (1)①80 ②56
(2)11% (3)72°

解き方

2 (1)48と36と30の最大公約数は6だから，
(48÷6)×(36÷6)×(30÷6)＝8×6×5
＝240 (個)

(2)48と36と30の最小公倍数は720だから，
(720÷48)×(720÷36)×(720÷30)
＝15×20×24＝7200 (個)

3 (1)右の図で
角⑦＝(42°＋45°)−30°
＝87°−30°＝57°
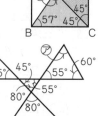

(2)右の図で，三角形ECBと三角形ECDは合同だから，
角⑦＝180°−(45°＋57°)
180°−102°＝78°

(3)右の図で，
角⑦
＝180°
−(60°＋55°)
＝180°−115°
＝65°

4 ロープの直線部分(右の図の太線)の長さの和は，
(7×2)×6＝84 (cm)
あきかんにそって曲がっている部分の長さの和は，半径7cmの円周に等しいから，7×2×$\frac{22}{7}$＝44 (cm)
必要なロープの長さは，84＋44＝128 (cm)

5 (1)5×7.5×3＝112.5 (cm³)
5×3×(6−3)＝45 (cm³)
112.5＋45＝157.5 (cm³)
(2)5×7×3＝105 (cm³)
3×(7−2−2)×3＝27 (cm³)
105−27＝78 (cm³)

6 川の流れの速さを毎時□kmとすると，
(20−□)×$\frac{50}{60}$＝(20＋□)×$\frac{30}{60}$
(20−□)×5＝(20＋□)×3
100−□×5＝60＋□×3
よって，40＝□×8 より，□＝5 → 毎時5km

7 (1)運動クラブは，400×0.6＝240 (人)
240−(74＋50＋36)＝80 で，①は80
文化クラブは，400×0.4＝160 (人)
160−(44＋60)＝56 で，②は56
(2)44÷400×100＝11 (%)

(3) 80÷400=0.2   360°×0.2=72°

1 (1)200　(2)900　(3)300　(4)2000
2 (1)4　(2)25
3 25
4 8500円
5 (1)正三角形　(2)25 cm²
6 6.4 cm
7 (1)107 mm　(2)25%

解き方

1 (1)14÷0.07=200
(2)216÷0.24=900
(3)2 m²=20000 cm²
20000×0.015=300
(4)1200×0.05=60
60÷0.03=2000

2 (1)108の約数のうち2の倍数でない数は，1，3，
9，27の4個です。
(2)(99-25)÷35=2余り4
(999-25)÷35=27余り29
したがって，最小の数は，35×3+25=130
最大の数は，35×27+25=970
よって，求める個数(130，165，……，970
の個数)は，27-3+1=25(個)

3 $\frac{7}{8} < \frac{22}{\square} < \frac{8}{9}$　分子を同じ数にすると，
$\frac{616}{8×88} < \frac{616}{\square×28} < \frac{616}{9×77}$ になります。
これから，9×77<□×28<8×88
24.75<□<25.14…
となるから，□=25

4 定価は，8000×(1+0.25)=10000(円)
よって，売ったねだんは，
10000×(1-0.15)=8500(円)

5 (1)イオ=ウオ だから，イウ=ウオ=イオ
となり，正三角形になります。
(2)右の図のように，三角
形オイウは直角二等
辺三角形で，
オカ=5 cm より，
(5×5÷2)×2=25(cm²)

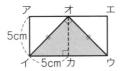

6 右の図は，立体を正面から
見たものです。この図形を
図のように3つの部分㋑，
㋺，㋩に分けます。
(㋑+㋺+㋩)×10=2000
㋑+㋺+㋩=2000÷10
=200(cm²)
㋑の面積は，20×2=40(cm²)
㋺の面積は，(20-4)×(10-2)=128(cm²)
㋩の面積は，200-(40+128)=32(cm²)
㋐×5=32 より，㋐=32÷5=6.4(cm)

7 (1)1月から10月までの平均が101.6 mmだか
ら，11月175 mm，12月87 mmより，
(101.6×10+175+87)÷12=106.5(mm)
小数第1位を四捨五入して，107 mm
(2)平均より大きい値を示しているのは，7月と
9月と11月の3か月。
よって，3÷12×100=25(%)

1 (1)7.2　(2)30　(3)162
(4)1(時間)45(分)
2 625円
3 63点
4 (1)㋐36°　㋑72°　(2)㋐35°　㋑160°
5 33 cm²
6 875 cm³
7 (1)分速340 m　(2)2分15秒ごと
8 9時40分

解き方

1 (1)時速，120×60÷1000=7.2(km)
(2)秒速は，100÷12=$\frac{25}{3}$(m)
時速は，$\frac{25}{3}$×60×60÷1000=30(km)
(3)72×2$\frac{15}{60}$=72×$\frac{9}{4}$=162(km)
(4)(6.3×1000)÷60=105(分)→1時間45分

2 500×(200÷160)=625(円)

3 女子の合計点は，69×25=1725(点)
よって，男子の平均点は，
(2670-1725)÷15=945÷15=63(点)

33

4 (1)正五角形の1つの角の大き
さは、
$180°×(5−2)÷5=108°$
右の図で三角形ABCは二
等辺三角形だから、
角$BAC=(180°−108°)÷2=36°$
角⑦$=108°−36°×2=36°$
角①$=36°×2=72°$

(2)折り返した角はもとの角の大きさに等しいか
ら、角⑦$=(180°−110°)÷2=35°$
右の図から、
角①$=70°+90°$
　　$=160°$

5 対角線BDで2つの三角形に分けると、
$5×8÷2+2×13÷2=33$ (cm²)

6 1辺が10cmの立方体の体積から、1辺が
5cmの立方体の体積をひけばよいから、
$10×10×10−5×5×5=875$ (cm³)

7 (1)A君とB君の速さの差は、分速、
$900÷9=100$ (m)
よって、B君の速さは、分速、
$240+100=340$ (m)
(2)B君とC君の速さの和は、分速、
$900÷1\frac{48}{60}=500$ (m)
C君の速さは、分速、$500−340=160$ (m)
よって、A君とC君がすれちがう間かくは、
$900÷(240+160)=2\frac{1}{4}$ (分) → 2分15秒

8 5分きざみの目もりの間の角は、
$360°÷12=30°$
$50÷30=1$ 余り20 より、短針は5分きざみの
目もりから20°進んでいます。
短針は1分間に $360°÷12÷60=0.5°$ 進むから、
今は、短針が5分きざみの目もりを指してから
$20÷0.5=40$ (分) 経っています。
よって、文字ばんで、長針は8を、短針は9と
10の間を指しているから、求める時こくは、9
時40分。

📋✏️ 総復習テスト④　126～128ページ

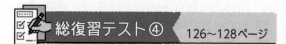

1 (1)8.15　(2)0.2　(3)$\frac{11}{16}$　(4)1

2 18

3 (1)100 g　(2)400円

4 1260 m

5 (1)15°　(2)16 cm²　(3)144 cm³

6 4分後

7 120円

8 (1)750円　(2)A 1500円　B 650円

9 (1)180 m　(2)220 m　(3)$8\frac{2}{3}$ 秒後

🔑 解き方

1 (1)かけ算を先に計算します。
$4.55−2.4+6=8.15$
(2)分配法則を用いて計算します。
$14.4÷\{(9.1−3.1)×12\}=14.4÷(6×12)$
$=14.4÷72=0.2$
(3)$1−\frac{1}{2}+\frac{1}{4}−\frac{1}{8}+\frac{1}{16}$
$=\frac{16}{16}−\frac{8}{16}+\frac{4}{16}−\frac{2}{16}+\frac{1}{16}=\frac{11}{16}$
(4)$\frac{1}{1×2}=\frac{1}{1}−\frac{1}{2}$, $\frac{1}{2×3}=\frac{1}{2}−\frac{1}{3}$,
$\frac{1}{3×4}=\frac{1}{3}−\frac{1}{4}$ を使って、
$\left(\frac{1}{1}−\frac{1}{2}\right)+\left(\frac{1}{2}−\frac{1}{3}\right)+\left(\frac{1}{3}−\frac{1}{4}\right)+\frac{1}{4}=1$

2 $122−14=108$, $86−14=72$
108と72の最大公約数は、
$2×2×3×3=36$
余りが14だから、36の約数の
中で、14より大きい数を考える
と、18, 36
よって、最も小さいものは18です。

2)	108	72
2)	54	36
3)	27	18
3)	9	6
	3	2

3 (1)食塩の重さを求めると、
$250×0.1=25$ (g), $250×0.06=15$ (g)
よって、$(25−15)÷0.1=100$ (g)
(2)$(1+0.35)×(1−0.2)=1.08$
よって、仕入れねは、
$32÷(1.08−1)=32÷0.08=400$ (円)

4 予定時刻まで歩くとき、分速45mで駅の手前
$45×6=270$ (m) まで進み、分速63mで駅の
先 $63×2=126$ (m) まで進みます。
分速45mと分速63mでは1分間に
$63−45=18$ (m) の差がついて、その差が
$270+126=396$ (m) まで広がるから、出発し
てから予定時刻までの時間は、
$396÷18=22$ (分)
よって、家から駅までのきょりは、
$45×(22+6)=1260$ (m)

5 (1) 正八角形の1つの角の大きさは
180°×(8−2)÷8=135° だから，
角⑦=60°−(135°−90°)=15°

(2) 右の図のように，
点Pを通り，辺に
平行な2本の直線
をひきます。色の
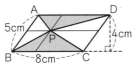
ついた部分の面積の和は平行四辺形の面積の
半分だから，8×4÷2=16 (cm²)

(3) 8cm と 6cm 以外の辺の長さは，
(180−6×8×2)÷(8×2+6×2)=84÷28
=3 (cm)
よって，この直方体の体積は，
8×6×3=144 (cm³)

6 水そうの容積を60とします。
このとき，1分間に出る水の量は，
ポンプAを使うとき，60÷20=3
ポンプBを使うとき，60÷30=2
AとBの両方を使うとき，3+2=5
水を入れ始めてから□分後にAが止まったとす
ると，
5×□+2×(24−□)=60
5×□+48−2×□=60
よって，3×□=12 より，□=4 → 4分後

7 りんご4個とみかん12個で1440円，りんご
4個とみかん3個で720円だから，
みかん1個のねだんは，
(1440−720)÷(12−3)=80 (円)
りんご1個のねだんは，
(720−80×6)÷2=120 (円)

8 (1) はじめにA君がA円，B君がB円持っていた
とします。A君とB君との間でお金のやりと
りをしても，所持金の合計は変わらないから，

A+B=550+1600=2150 (円)
最後にA君はB君に所持金の $\frac{1}{2}$ をあげたか
ら，A君とB君の最終的な所持金の差は，B
君がA君にお金をあげた直後のB君の所持金
(B+A÷2)× $\frac{3}{4}$ に等しくなります。よって，
(B+A÷2)× $\frac{3}{4}$ =1600−550=1050
B+A÷2=1050÷ $\frac{3}{4}$ =1400
よって，最初にA君がB君にあげたお金は，
A÷2=(A+B)−(B+A÷2)=2150−1400=750 (円)

(2) A=750×2=1500 (円)
B=2150−1500=650 (円)

9 (1) 上り電車の速さは，秒速，
72×1000÷60÷60=20 (m)
上り電車の長さは，A地点を通過する9秒間
に進む道のりに等しいから，
9×20=180 (m)

(2) 下り電車の速さは，秒速，
108×1000÷60÷60=30 (m)
上り電車と下り電車の長さの和は，2つの電
車が出会ってから完全にはなれるまでの8秒
間に進む道のりの和に等しいから，
(20+30)×8=400 (m)
よって，下り電車の長さは，
400−180=220 (m)

(3) 下り電車がA地点を通過するのにかかる時間
は，220÷30=7 $\frac{1}{3}$ (秒)
よって，下り電車がA地点にさしかかったの
は，上り電車がA地点にさしかかってから，
16−7 $\frac{1}{3}$ =8 $\frac{2}{3}$ (秒後)